imaginist

想象另一种可能

理
想
国
imaginist

四季便当 II

FOUR BENTO SEASONS II

[日] 吉井忍 · 著

上海三联书店

 ｓｐｒｉｎｇ

夏 summer

秋 autumn

冬 winter

珍惜你的「日常」

当你听到"日式便当"时，你想到的是什么样子的呢？精致而不重样的，可爱到舍不得品尝的，或者营养配比完美的？没错，这些都是日本人吃的便当，但还有另外一种便当，那就是日本庶民经常吃的普通便当。

我在东京有一个朋友，他是年过五十的单身汉，因为年龄增大和时代潮流的变化，曾经的工作有点做不下去了。有一身好厨艺的他打算开一家素食餐馆过日子，结果这个计划也因为新冠肺炎疫情泡汤了，毕竟餐饮业是这次疫情中受打击最大的行业之一。不过这位多才多艺的朋友毫不慌乱，他坦然地改行当出租车司机了，早上七点前出门、傍晚天黑之前下班，依旧过着平静的生活。

有一天晚上，我去他家借个工具，他正在吃饭，顺便请我吃刚出炉的一盘烤鸡腿。好好吃呀，我不顾矜持一连吃了两个，这中间他还默默地递给我一碗米饭和味噌汤。最后桌上还剩下两个鸡腿，他用保鲜膜把它们包起来，说，明天的便当就是这个。他回到厨房，先打开电饭锅，看剩下的米饭够不够，然后把烤鸡腿放进冰箱，同时还确认了

一个玻璃瓶里腌菜的量够不够。见此，我说，没想到你也
会做便当。当时他正在把头探进冰箱摸索着什么，一边回
道："不然呢，我吃啥呀？"

这就是日本的普通便当。

自《四季便当》出版至今，屈指算来已经过去六年多
了。这期间，让我很开心的事情就是中国朋友们给我的反
馈和分享，大家通过线上留言或现场活动跟我提起自己心
中的故事、小时候的回忆、母亲做的饭或想念的食物。对
我来说，写作就是寻找彼此之间的共鸣的过程。大家的这
些反馈和分享让我切实地感受到，食物和与食物相关的种
种，是不分国籍和年龄、让人与人之间的沟通畅通无阻的
桥梁和渠道。

但同时，我也感受到一种刻板印象或者固化思维带来
的困扰。比如每次活动之后的问答时间里，"如何选购便当
盒""日本的便当是不是都是冷的""那么清淡的菜肴会不
会吃不饱"，这三个经典问题*是必不可缺的，这可能来自
大家对日式便当固化的理解：外观非常精美讲究，但以冷
饭居多，咱们吃不惯。这也不能怪谁，网络上输入"便当"、
"弁当"［日语词，指便当］或"bento"［"弁当"的罗马拼音］，

---

* 前两个问题，《四季便当Ⅱ》里有详细的回答［分别见 P52 与 P40］至于日
  式便当能否吃饱，这要看个人口味与搭配，笔者个人认为便当菜肴也有
  炸、煎和炒的，也有荤菜，不一定都是过于清淡的。

搜索出来的图片，都符合这些印象和期待。

这本《四季便当Ⅱ》，从书名便知，它继承了上一本便当书的风格，制作便当的方式也没有改变：基本材料来自普通超市，成本低，无需特殊的厨具，按季节介绍便当食谱和与其相关的随笔。然而，从随笔的风格到便当的内容都有了一些变化。个中原因，是这些年里我的思考方式也好，社会环境也好，和往前有些不一样了。我的生活状态从以前的"北京小两口"切换成"东京独居"，而经过疫情，大家对饮食和生活方式的理解也发生了难以逆转的变化。以前我们以为理所当然的事，突然变得可望而不可即，而这些变化让我们重新发觉到，生活的本质就在于每天发生的每一件小小的事情上，而这些普通不过的事情，在未来就会化作我们对往昔灿烂时光的回忆。

所以，我试图通过这本书，与你分享一个日本女性普通的日常和内心的感受。书中不少图片就是在日本发布"紧急事态宣言"的形势下，在家里自行拍摄的。因为东京居民被要求隔三天才能去一次超市，在这种环境下购买所需材料并进行拍摄显得尤其困难，我有时候只能从过去的相册里找一些图片补上去，这些因素应该也会为本书增添不太一样的风格特色，希望大家谅解。

至于我现在的生活，也变得非常简朴。我现在租住于东京中心区的一间屋子，厨房特别小，在这里能做的菜肴比较有限，但便当还在继续做。我习惯在图书馆工作，一边查资料、看报纸，一边打字。图书馆旁边有一个公园，我就在公园里吃便当。便当盒打开后的样子，就和上述朋友做的烤鸡腿便当差不多，一半是米饭，然后搭配着荤菜和一两种蔬菜，菜肴也通常是用一个平底锅就能做出来的。拿一双筷子，看着公园的风景或池塘里的乌龟用餐。吃完便当，在附近喝杯咖啡，歇一会儿，一杯咖啡 300 日元［约合人民币 20 元］。因为我来的次数多，只要我站在收银台旁，服务员就会把一杯清咖递给我。

我知道，你我这些平常的日子其实一点都不平常，一碰到"意外"，它就会变得遥不可及。哪怕幸运地没遭受意外，但总有一天它们也会消逝在时间的潮流中。本书二十七篇随笔，描写了我在东京度过的那些平常的日子，以及便当在其中扮演的角色。希望便当依然能够让大家的生活更加多彩，成为大家发现日常之美的一个契机，也希望通过这本书和更多的中国朋友交流。

感谢朋友 Dmitry Sobiev 先生和 Marina Chayka 女士在我心情最低落的时候拍拍肩膀让我继续撰写本书。感谢苏本女士当初为本书进行细心的编稿。感谢保井崇志 * 先生提供每个季节篇前的风景图。

---

* 　保井崇志［Yasui Takashi］：1980 年生，从 2010 年开始拍摄，2015 年转行为自由摄影师。个人主页：takashiyasui.com。

感谢陈晓卿先生、许知远先生和殳俏女士的鼓励。

感谢编辑黄平丽女士和黄盼盼女士为本书付出的精力。

感谢陆智昌先生每次用心的装帧设计并进行细腻的调整。本书是陆先生给我做的第三本书，为此我感到非常荣幸。

吉井忍

2020 年 9 月于东京

春

四季便当II

| spring |

Monday

花
见
便
当

– 炸鸡块材料

鸡腿肉　鸡蛋　淀粉　盐　姜泥　蒜泥　料酒　生抽　植物油［油炸用］

– 炒青椒材料

青椒　盐　白胡椒　植物油

– 虾皮卷心菜材料

卷心菜　虾皮　玉米粒　盐［按个人口味］　黑胡椒［按个人口味］

– 樱花饭团材料

白米饭　梅干［除核］　腌制樱花　海苔

– 味噌魔芋材料

魔芋　味噌　白芝麻　白糖　料酒

–所需时间........60分钟

–份　　量........2人份

制作步骤

花见便当：没有固定的做法，一般大家会放炸鸡块、玉子烧等经典便当菜肴，另外会加些腌制樱花等带有春日气息的小东西。

炸鸡块：一般会进行两次油炸，第一次用160℃的植物油炸2分钟，捞起肉块，用余热使肉块熟透后再用180℃的油炸2分钟。油炸过程分两次的原因是防止过度加热而使鸡肉中的水分流失，第二次炸制主要是为了让外皮更加香脆。这次制作便当用的炸鸡块，切块更小，油炸过程也只有一次，以节省时间。

1. **做炸鸡块**

   将鸡腿肉［1根］切成10—15个小块，放入小碗，加姜泥、蒜泥、料酒［各适量］和生抽［1汤匙］。鸡肉腌半小时后放入笸箩，去除多余的水分，加鸡蛋［1个］和淀粉［2汤匙］搅拌。将平底锅预热并倒入植物油，将鸡块用180℃的热油［将木制筷子伸入油锅，气泡沿筷子快速浮起时的温度］炸制2—3分钟。

2. **炒青椒**

   将青椒洗净，去蒂和种子后切块。炸完鸡块的植物油先倒在小碗里，用厨房纸巾擦净平底锅炒青椒，佐盐和白胡椒调味。

樱花下的小丸子

从三月起到四月中旬，日本的天气预报里常会蹦出"樱前线"[sakura-zensen]这个词，指预测各地樱花花期的路线图。地形狭长的日本南北气候差异较大，同时还受到洋流和海拔的影响，因此樱花并非简单地由南向北次第绽放。一般首先听到的是高知县[*]的花讯，紧随其后的是福冈县[†]和静冈县[‡]。

东京人还穿着厚重大衣的时候，我从电视里看到初绽的樱花，心已飞到几周后的"花见"[赏樱]活动。"花见"的具体形式倒是丰俭随意。可以周末与亲朋约在樱花树下，摆上各自带来的丰盛美食，一起举杯高歌；也可以中午捧一杯外卖咖啡，和同事在街角花园的落英下谈天。每到花季，大小餐厅像铆足了劲，纷纷推出"樱花会席"等当季套餐。百货公司的地下美食街摆满了樱花主题的食物：樱花蛋糕卷、花见便当、樱饼、加了腌制樱花的红豆沙面包、大福[夹心糯米团]……真是"乱花渐欲迷人眼"。

---

*　高知县[Kōchi]：著名赏花地点为高知公园[高知市]、宿毛天满宫[宿毛市]、为松公园[四万十市]等。

†　福冈县[Fukuoka]：著名赏花地点为舞鹤公园、西公园[皆在福冈市]等。

‡　静冈县[Shizuoka]：著名赏花地点为滨松城公园[滨松市]、伊豆高原[伊东市]等。

3. **炒卷心菜**

炒完青椒的平底锅不用洗，盛出青椒后，放入洗净切丝的卷心菜［半颗］和玉米粒，用中火加热。视情况加饮用水［1汤匙］，蔬菜熟透前加虾皮［少许］。按个人口味加盐和黑胡椒。

4. **做樱花小饭团**

腌制樱花用水洗净，放在厨房纸巾上吸收多余水分备用。米饭放在保鲜膜上，中间包入梅干肉，做成3—4个小小的圆形饭团。饭团上直接放上腌制樱花或贴上切细条的海苔作为装饰。

5. **做味噌魔芋**

将魔芋［1包］切成长方块，并在表面切花刀。用竹签穿起，放入小锅水煮3分钟。耐热小碟子里放味噌［1汤匙］、白芝麻［半汤匙］、白糖［半汤匙］和料酒［少许］，用微波炉加热30秒后轻轻搅拌，浇在装盒后的魔芋上。

"花见"这一习俗始自奈良时代的贵族，当时主要是赏梅花。在日本最早的诗歌总集《万叶集》中，提到樱花的诗不过 46 首，远不及描写梅花的 119 首。但到了 10 世纪平安朝初期的《古今和歌集》，这一数量对比发生了逆转。樱花有 70 首，梅花则只有 18 首，可以说，到了平安时代，樱花俨然已成为日本人心目中"花"的代名词了。再来看看吉田兼好的随笔集《徒然草》，描写的是镰仓末期到室町时代初期的生活。其中详细描写了"花见宴"的盛况，还批评了喧闹有余、风雅不足的乡村版赏樱会。

说及樱花，有几棵樱树特别让我怀念。小时候住的东京都郊区，从家里走几步路有一条小径，栽着好几棵樱树，都是八重樱。在日本，大家争先去赏的一般都是"染井吉野"，有五枚花瓣，颜色多为半透明的浅粉色。东京周边樱花的花期为三月底到四月上旬，气象厅发布的樱前线预报也是以染井吉野的花期为基准。八重樱花瓣多而密，开花时间比染井吉野晚一两周，刚好在染井吉野花瓣散落的时候盛开，而且开花时间比前者长一些。其实八重樱也挺漂亮，还带有淡淡的芳香，但开花时间晚了一些，错过了人们尝鲜心理最强的时机。另外，八重樱开花的时候，新叶也一并长出来，新绿和粉红花朵很搭，但视觉效果上，比起树枝上爆满淡粉色花朵的染井吉野，八重樱的花朵更和气，缺少染井吉野的那种霸气。

那时的四月中旬，我每天踏着八重樱的花瓣上下课，

6. 装盒

装盒的基本顺序是从大［主菜、主食］到小［配菜］。首先在便当盒的一边铺卷心菜
［少许］，再放主菜［炸鸡块和玉子烧］，再在卷心菜上放好饭团。卷心菜的主要用途是
固定圆形饭团，同时让营养更加丰富，铺在下面看不见也无所谓，也可以当早餐吃掉。
最后在空隙中填入魔芋块、青椒、小番茄等配菜即可。

偶尔看到地上有未被弄脏的花朵，就捡起送给妹妹。母亲说八重樱就是樱茶的材料。樱茶的做法很简单，八重樱开到七分时摘下花朵，洗净并去除水分后用盐腌制一晚，随后加白梅醋再腌两天，阴干后撒盐保存。和母亲说好来年春天试一试，没想到第二年，那条小径上所有的八重樱树都被砍掉了。母亲告诉我原因："听说有几家居民嫌樱树的虫子多，秋天落叶又麻烦，向市役所提了意见。没办法。"之后每次我看到樱树残株和白白的枝干口径，都会感到相当困惑："至于吗？"后来在别处看到八重樱，我总还是有点揪心，也许来自于当时产生的恻隐之心。

在这股花期美食大潮中，最朴实的要数"花见团子"［hanami dango］了。三个小丸子被穿在一起，萌意盎然。它们不太会成为店家的重点推荐产品，一般也就是在普通超市的面包货架边露个小脸，被装在透明塑料盒里，两串一组，算是最便宜的"茶之友"［经典款茶点］。吃的时候不用刀叉或勺子，而是直接拿起竹签，一口团子，一口绿茶，再一口团子……与花见便当那种复杂的食物比起来，这种简单的点心也许更能让人专注于欣赏樱花之美吧。花见团子有粉、白、绿三种颜色。粉色代表樱花和春色，白色代表雪花及对冬天的惜别，绿色团子一般是用艾蒿做的，预示夏季将要来临。也有人说，红、白是吉利的颜色，再加上绿色艾蒿避邪。你可能会问，为什么单单没有秋天？因为"没有秋天"［日语 aki ga nai，谐音"不会让人腻烦"］的团子是吃不厌的。

八重樱花朵，花开的同时会长叶子。

染井吉野花朵，花开时不长叶子。

有这样一句关于花见团子的谚语："花よりだんご"
［Hana yori dango］，可以翻译为"团子赛过花"，有点调侃鲜
花中看不中用的意思。16世纪室町时代后期的《新撰犬筑
波集》收集了不少风格诙谐的俳句，其中一首春日俳句就
提到了这句谚语：

　　　花よりもだんごとたれか岩つつじ

　　　团子不如花

　　　谁说的？

　　　春日回暖的时候出来走走，买一份团子在樱树下吃，
想来也是蛮奢侈的一件事。第一，你得有时间和心情在大
白天出来走一走；第二，你的邻居得有心为了春日短暂的
花期忍耐初夏的虫子，也愿意秋日每天出来扫地。有时候
"民主"会导致奇怪的后果，也就是所谓的"艄公多，撑翻
船"吧。

— 便当小贴士 —

花见团子

据说，团子源于 7 世纪遣唐使从中国带回的八种"唐果子"之一，又称"团喜"或"欢喜团"。团子的标准制法是：用糯米粉和大米粉，加温水和面，上蒸笼蒸制而成。我平时做的团子是用糯米粉制作的简易版，不过因为加了豆腐，放一段时间也不容易硬化。粉色部分一般用红色素，但我喜欢改用更容易入手的草莓果酱。加了草莓果酱的面团因为果酱的水分和糖分而容易黏住，建议多加些糯米粉以便成形。绿色团子中我加了抹茶粉，但有条件的话可以加点艾草，更有春日气息。[请参见"春日便当"部分的"草饼便当"。]

– 花见团子材料

糯米粉   内酯豆腐   草莓果酱   抹茶粉   豆沙［按个人口味］

	1	2
	3	

–所需时间........60分钟

–份   量........2人份

制作步骤

1. 准备糯米粉

   小碗里倒入糯米粉［150 克］，再直接加内酯豆腐［120 克］，揉搓成面团。

2. 做三种口味的团子

   揉好的面团均分为三块，制作成白［原味］、粉［草莓味］、绿［抹茶味］三色。粉面团加入的是草莓果酱［1 汤匙］，绿面团加入的是抹茶粉［半汤匙］，再分别调匀揉搓，捏成小球。

3. 煮团子

   糯米小球放入滚水中煮至浮起。捞出后放入冰水中冷却，以保持弹性。待凉后捞出沥干水分，穿上竹签，按个人口味加豆沙即可。

Tuesday

烧
卖
便
当

– 烧卖材料

肉末［猪肉］　洋葱　姜末　烧卖皮［若买不到，可用现成的饺子皮代替，用擀面杖擀薄即可］
卷心菜［或白菜］　青豆　盐　白胡椒　料酒　生抽

– 辣油胡萝卜材料

胡萝卜　盐　辣油　白芝麻［按个人口味］

– 胡萝卜蛋皮材料

鸡蛋　胡萝卜　白糖　盐　植物油

–所需时间........50分钟

–份　　量........2人份

制作步骤

烧卖上的青豆：中国的烧卖不加青豆，而日式烧卖顶上的这一颗青豆则不可缺少。有个说法是在日本 1950 年代，物资条件还没达到现有水平，有人模仿草莓奶油蛋糕［当时小孩子的梦中美食］，在烧卖上放一颗青豆，并供应给学校当午餐，后来这种样式的烧卖普及到日本各地。

另，说实话我很少自制烧卖，在日本超市很容易买到现成的烧卖，一盒 10 个，不到 200 日元［约合人民币 13 元］，是一款廉价的美食。用微波炉加热之后，直接放入便当盒即可。

玉子烧材料和做法请参见"春日便当"部分的"玉子烧便当"。

1. **准备馅料**

    洋葱［1/6］切碎，与肉末［150 克］、生抽［半汤匙］、姜末、料酒、白胡椒和盐［各少许］一起搅拌，做成馅料备用。若不是做便当用烧卖，可不加生抽。用餐时另备小碟子，倒入生抽，加黄芥末享用即可。

2. **准备蒸锅**

    蒸锅里倒水并开中火。蒸笼里铺上少量卷心菜叶或白菜叶，以免烧卖皮和蒸笼黏住，同时还可以为便当加点叶菜，丰富营养。

善兵卫爷爷的草莓园

中国的小朋友们一般几岁才有自己的房间呢？我是四岁上了幼儿园后，分到了自家二楼的小屋，一直住到初三搬家。这个小屋可以说是我的精神家园，容纳了我的各种儿时幻想。直到今天，我还会梦见这个小屋：被晨风吹起的柠檬纹样的窗帘、神气的瓦斯小暖炉、质朴而结实的小床、可以按照我的身高调整高度的小书桌……晚上九点该上床睡觉时，母亲会让我选一本绘本，一页页念给我听。

我的心头好是一本叫《小狐狸和樱花树》的绘本，那是幼儿园朋友送我的生日礼物。回想起来，母亲至少给我念了一百多遍吧，以至于我把所有的句子都背下来了。三十多年过去了，好像还能听到母亲模仿小狐狸唱道："樱花花瓣吹落了，随风变成蝴蝶了……"

进了小学后，渐渐就没有这样的优待了。到五六年级时，还多了一项新任务：代替母亲给妹妹念绘本，记得妹妹最喜欢的是《善兵卫爷爷的草莓》。当时某出版社"打入"了妹妹所在的幼儿园，每个月都会发一本绘本给小朋友，《善兵卫爷爷的草莓》就是妹妹兴冲冲带回家的。那时我才

3. **包上馅料**

   用手掌托住烧卖皮，放入肉馅［1汤匙］并用烧卖皮包住。上方开小口，放入一颗青豆。

4. **蒸烧卖**

   把烧卖放入蒸锅里，加热5分钟。蒸熟后把烧卖和叶菜一并搁在盘子里备用。

5. **做辣油胡萝卜**［常备菜］

   胡萝卜切丝，用平底锅炒制。用盐调味，最后加辣油［少许］，按个人口味加白芝麻。

6. **做胡萝卜蛋皮**

   用鸡蛋［2个］、白糖［半汤匙］和盐［少许］做蛋液。开中火预热平底锅，倒入植物油［半汤匙］加热。倒入蛋液，蛋皮上方尚未凝固时加辣油胡萝卜。翻面再加热几秒钟，关火。做好的胡萝卜蛋皮切块或切长条卷起来，以便放入便当盒。

发现，翻来覆去念同一本绘本，实在是痛苦。

妹妹那时候年纪太小，连"姐姐"［onē chan］都叫不清楚，干脆把我简化为"nene"。每回看到妹妹一边捧着绘本，像小鸭子般朝我走来，一边嘟哝着"nene、nene"，我就投降了。没办法，把妹妹抱坐在膝盖上，开始重读善兵卫爷爷和森林小动物们的故事……其实，念绘本还是母亲比较专业，一旦我念得偷工减料，妹妹马上会哭闹着要求换人。可见万事马虎不得。

话说，善兵卫爷爷孤身一人住在森林里，以耕种为生。有一天，他发现田里的一颗草莓成熟了，颜色变红了，他正要尝鲜，却看到一只因迷路而伤心的小麻雀，于是就把草莓送给了它。第二天，两颗草莓变红了，他又送给了正在吵架的兔子兄弟。第三天三颗草莓变红了，他通通送给了乌鸦一家。到了第四天早晨，善兵卫爷爷下田劳动，发现所有的草莓都变红了。他摘了一颗，发现好吃极了！于是邀请森林里所有的动物都来吃。大家也不见外，一直吃到傍晚和善兵卫爷爷道别。到头来，善兵卫爷爷发现自己今年只吃到一颗草莓，于是哈哈大笑，决定明年要种更多的草莓和大家分享。

这册绘本的"亮点"就在田里所有的草莓都变红了的那一页。翻到那一页的时候，需要稍微慢一点。虽然是简装的小型绘本，但对小朋友来说，那幅画面还是蛮壮观

7. 装盒

　　蒸熟的卷心菜切小片，铺在便当盒下层，再放入米饭和几颗烧卖，最后在空隙处放进胡萝卜蛋皮即可。

的。记得每次翻到"全屏草莓"时，妹妹的表情都会变得有些恍惚，一头栽进绘本的世界里。这时我会学着善兵卫爷爷吆喝道："喂……喂……大家快来呀！草莓都红喽！喂……喂……"妹妹充耳不闻，大眼睛紧盯着草莓，感觉她正跟着其他动物们一道往草莓园紧赶慢赶呢。

大约二十年后，妹妹的梦想实现了。父亲从附近的农家租来一小块土地，把种地作为周末爱好。父亲坚持无农药无化肥的有机种植方针，头两年的收获少得可怜，亲友们纷纷打出"搞什么鬼？一点都不好吃！"的差评。但从第三年开始，蔬果品质就达到了超市的水准，其中，草莓又是父亲最为得意的。每逢初冬，他会准备约两百棵草莓苗，翌年四月底五月初，就会长出全家人吃都吃不完的草莓，个头小但味道甜美，极具风味。

父亲周末菜园里的草莓。[摄于日本茨城县，2016 年]

［左］从父亲的周末菜园里摘的草莓。"黑咖啡＋新鲜草莓"是我最喜欢的组合。

［中］餐桌上的烧卖。晚上放入小蒸笼里加热即可。

［右］把便当用印有草莓图案的布包起来，会更有春日气息。

每次父亲从周末菜园回来，浑身都脏兮兮的，成了名副其实的泥腿子，显得更加苍老。因为草莓收获季的机票比较贵，以前我很少能赶上父母家的"草莓节"，妹妹几次圆梦草莓园后，也搬去东京上班了。我回国时，偶尔在冰箱里看到母亲自制的草莓酱，就会想起那本绘本。

"没想到自己变成了善兵卫爷爷。"此时笑眯眯的父亲，还真像绘本里的善兵卫爷爷呢。

　　　朝日濃し苺は籠に摘みみちて ［杉田久女 *］

　　　和煦的晨光里
　　　提篮中装满了草莓

---

* 杉田久女 ［Sugita Hisajyo］：1890—1946，昭和时代初期的女性俳人，鹿儿岛西县出身。

—— 便当小贴士 ——
便当能否加热？

很多中国读者曾发来私信问我便当加热的问题："这些日式便当是冷着吃的吗？"按我个人看法，日本人并不那么地"喜欢"吃凉的，而是"习惯"吃常温状态的便当。

传统上，日式便当是在没有加热设备的环境下吃的，所以大部分情况下便当是常温的。比如，我自己做便当一般都不加热，不放冰箱，直接吃。我从小就这么吃便当，习惯了。另外，在日本吃的米大部分属于粳米［英文：japonica rice］，特点在于口感柔软、入口甘甜清香，以及水分丰富，在常温下也能保持较佳的口感和弹性，适合做便当和饭团。我在中国生活时，一般用东北产的珍珠米做便当，口感和香味与日本大米很相近，口味也很接近我在日本常吃的大米。

本篇介绍的烧卖是从中国传过来的食物，我过去住在上海时早餐最喜欢吃烧卖。早餐摊的阿姨掀开蒸笼，露出热气腾腾的烧卖，食客轻轻一口咬下去，满嘴鲜香。吃惯这样的烧卖的读者，也许对便当盒里的常温烧卖没那么大胃口。

本书中的便当大部分都是常温和加热两者皆可［寿司类除外，如手鞠寿司、什锦散寿司、河童卷、稻荷寿司等，这些还是适合吃常温的］。我一般建议中国读者用微波炉加热享用，不过大家在办公室加热便当时，请确认便当盒材质是否适合加热，以免损坏便当盒或影响身体健康。塑料材质便当盒一般都可以加热，而不锈钢、木头、竹子、珐琅等材质的便当盒则不行，需注意。

若大家喜欢加热，建议在便当盒里不要放生的蔬菜和水果。我个人吃便当一般都是吃常温的，带水果的话则喜欢分装携带，因为放在一起的话，水果很容易染上其他菜肴的味道。

吃完一小瓶果酱后，我会把空瓶留下来，作为便当水果专用瓶。晚上把柠檬切片，和草莓、苹果等水果一起放在瓶子里，浇上一点蜂蜜，盖紧盖子后放入冰箱。早上带便当的时候拿出来，一道携带即可。

中午吃完便当，小瓶子里的水果可以当作餐后水果，或留到下午喝咖啡时当点心吃。不过我的问题是，做好的水果小瓶子经常忘记带，等回家打开冰箱时才想起来。

Wednesday

草
饼
便
当

– 草饼材料

糯米粉　内酯豆腐　艾蒿　白糖　小苏打粉　盐　豆沙 [真空包装的现成品]

–所需时间........40分钟

–份　　量........2人份

制作步骤

草饼的标准制法是用糯米粉和大米粉，加温水和面，上蒸笼加热制成。我平时做的草饼是只用糯米粉，用水煮制的简易版。因为加了豆腐，过一段时间也不容易硬化。

1. 煮艾蒿

   艾蒿［约30克］去柄，用水洗净后控干。煮一小锅开水，加小苏打粉［半汤匙］和盐［少许］，烫艾蒿约1分钟。

2. 研磨艾蒿

   捞出艾蒿，用冷水泡1分钟，冷却后控干水分，用研钵研磨，若没有，可用搅拌机代替。研磨过程中加白糖［半汤匙］。

3. 做面团

   研钵里直接加内酯豆腐［100克］和糯米粉［120克］，揉搓成面团。搅拌到大约"耳垂般的软度"后，捏成小球。

踏青

　　我小时候住过东京郊区的八王子，距离曾获米其林三星观光地好评的高尾山［Mt. Takao］只有几站路。我念的中学周围自然环境保护得不错，走几步就有杂木林和竹林。我曾经给大学同学看过初中一年级时在校园里拍的照片，大家都以为是农村的某座学校。

　　就在这绿意盎然的八王子，每到春日的某个周末，母亲就会从柜子里取出藤条编制的手提箱，招呼全家一起去摘"蓬"*，为的是用来做草饼［或称"蓬饼""草团子"］。和中国一样，在日本到了春天，大家也会做当季的点心，日语里就叫作"草饼"［kusa mochi］。其实，草饼最初来自中国。自奈良时代起，日本的贵族广泛接触、学习中国的风俗习惯，据说清明节的"龙舌料"†就是日本草饼的原型。所以中国的青团和日本草饼的做法及起源都高度相似，只是食用的时间稍稍错开，前者在清明，后者大约在过女儿节［三月三日］的三月份。

---

* 蓬［yomogi］：艾蒿的日语名称。
† 龙舌料：采摘鼠曲草，榨取其汁，加蜜糖与米粉相拌做成的米饼。

4. 煮团子

糯米小球放入滚水中煮至浮起。捞出后放入冰水中冷却，以便保持弹性。待冰凉后捞出沥干备用。

5. 准备豆沙

豆沙可以用真空包装的现成品。若豆沙太黏，可放入小锅，加开水加热 1—2 分钟，最后浇至草饼上即可。

有意思的是，日语里"饼"的发音是"mochi"，仅仅指类似中国年糕的软糯点心。所以我刚到中国的时候，常常被"饼"这个字给弄糊涂。看到牛舌饼、葱油饼，首先联想到的是用糯米做的、糍粑般软塌塌的食物。等拿到手后很是纳闷，这么干的食物，又不是糯米做的，怎么会叫作"饼"呢？这种由于日文汉字和中文汉字意思的差异而造成的笑话还不少呢。

扯远了，说回踏青之旅。一看到母亲拿出手提箱，我也开始忙活起来：从冰箱里拿出两瓶雪碧［一定是玻璃瓶的］，选好一甜一咸两种零食［通常是杏仁巧克力和鱿鱼丝］，再拿出三条小毛巾，沾一点自来水做成湿巾，放入圆筒湿巾盒。哦，还要把宠物松鼠"苏酱"挪进另一个迷你藤制小提箱，让它也有机会去山里透透气。

这时母亲也差不多做好了饭团和简单的小菜，装进保鲜盒后用报纸裹好，再放入藤条提箱里。如今在海外提起"日式便当"，大家总觉得是精致华丽的。但在我的记忆中，不管是母亲做的还是朋友带的便当，这种华丽版的并不多。毕竟，对日本普通老百姓来说，便当就是日常而朴素的，是母亲们在有限的时间和预算里，动脑筋做出来的一份心意。

踏青目的地是离家不远的"咪子的山"，因我养的宠物兔"咪子"去世后葬于此山而得名。说是要去采摘艾蒿，但总体感觉就是春日里的踏青。全家人带一些好吃的东西

在日本超市买的草饼和樱饼。这款草饼是豆沙馅的，樱饼则是日本关西风味樱饼，别称"道明寺"，在大阪有同名寺庙。将圆糯米泡水、蒸透后磨成细颗粒的"道明寺粉"，泡水后制成麻糬外皮，馅料为豆沙，再以盐渍樱树叶包裹。

到山里，享受着和煦的春风，坐在草地上吃饭团。我和妹妹忙着抓虫子、追蝴蝶，偶尔被母亲叫回来，打开玻璃瓶喝汽水。虽然没有在家里喝时冰得那么透，但玩累了的姐妹俩还是咕噜咕噜喝得很开心。爸爸在一旁负责看管东西，顺便解决姐妹俩喝剩下的汽水，嚼嚼鱿鱼干，没多久就和拴在小提箱旁的松鼠苏酱一同打起了盹。这时母亲才开始采摘艾蒿。记得当时的艾蒿还没长高，刚刚萌发的嫩芽几乎是贴着地面。看着蹲下摘艾蒿的姐妹俩，母亲嘱咐道："要选嫩的，不要摘错哦。"采摘艾蒿嫩叶并不难，诀窍是选上面色泽鲜绿的小片嫩叶，避开下面已经长大的叶子。新摘的艾蒿叶气味清新，正面呈青绿色，反面则是白色，摘多了手指都会被染绿，妹妹和我都觉得很有趣。

　　孩子毕竟是孩子。回家路上妹妹已经困得不行，被父亲扛在肩头睡得昏天黑地。我虽然也昏昏沉沉的，但还在那里硬撑着，因为我知道好玩的事情还在后面。到家后，只见母亲先挑出妹妹错摘的幸福草，将艾蒿洗干净，再用开水烫过，用擂槌捣成泥。紧接着，母亲将糯米粉、上新粉［用粳米做的大米粉］和艾蒿泥用温水揉成团子。母亲说团子要揉到和耳垂一样的软度，于是我一边抚摸自己的耳垂一边揉团子。这时妹妹也一觉睡醒了，正好赶上蒸好的团子出笼的神奇时刻。母亲手里原本看起来不怎么绿的糯米团，加热后颜色马上变深。看着自己的劳动成果仿佛看到奇妙的魔术一般，妹妹和我都雀跃不已。端上桌后，爱吃甜食的父亲照例加上红豆沙，而我们家女性成员都偏爱拌着黄豆粉吃。

"岁岁春草生，踏青二三月。"第一次认识汉语里"踏青"这个词时，我就想起自己和家人在山里摘艾蒿的场景。虽然中日两国一衣带水，不少习俗是相通的，但中国的新年也好，中秋节也好，不少习俗对我来说还是不太一样，需要用心去理解这其中微妙的差异。但踏青这一活动好像没有太多约束和压力：正值春暖花开、草木返青的时节，脱下厚重的冬衣，和朋友结伴出行，亲近自然，这样的文化习俗应该很容易让更多外国人享受和融入。

如今，在东京也比较难看到艾蒿。想念它的清新香味时，我会到柴又帝释天 *。这里就是寅次郎 † 的故乡，而电影中，他的老家就是卖草饼等庶民爱吃的点心。第一次来的时候，不知道这里的绿茶要自己倒，点好点心后坐下来，坐在我旁边吃草饼的老太太站起来给我倒了一杯，说："这里的茶你可以随便喝。"

在自家小厨房里做的或在下町一家小店里吃的小点心，都会给予我营养学上无法归纳的某种营养。吹面不寒的春风，一屁股坐下后草地散发的青草味，摘艾蒿时拂过手指

---

* 柴又帝释天〔Shibamata Taishakuten〕：东京都葛饰区的地名，在东京属于正宗"下町"，是过去大部分劳动人民集中生活的区域，到现在还遗留有昭和风的人情味。
† 寅次郎〔Torajirō〕：日本著名电影导演山田洋次拍摄的系列故事片《寅次郎的故事》中的主人公。

的软软茸毛和从远处传来的小鸟的鸣叫声……无论身处何地，到了春天，我的记忆还是会回到"咪子的山"，和年幼的妹妹一起摘艾蒿。我也相信，每位中国读者朋友心里都有属于自己的踏青回忆吧。

草餅の濃きも淡きも母つくる［山口青邨*］

草饼
颜色浓的、淡的
都是母亲之作

— 便当小贴士 —
木制便当盒的保养

本书中多次出现的木制便当盒，是用日本秋田县产的杉木制成的。工匠将一条木片弯成圆形，再用樱花树皮缝合木条。有些木制便当盒为了保护木头，会涂上透明涂料或传统涂料"漆"［urushi］，但我个人比较喜欢"白木"［shiraki］状态，也就是无涂料的便当盒。无涂料的杉木制便当盒有吸水功能，有利于保证食物不易腐坏。用这种便当盒，米饭会有淡淡的杉木香味，个人觉得有种治愈感。

市场上常见的塑料便当盒和木制便当盒，在使用方式上有些不同。也许对中国读者来说比较关键的不同在于"能不能加热"，木制便当盒不适合用微波炉加热。另外，木制便当盒的密封性不如塑料或金属便当盒，处理菜肴时需留心，最好不要出水，以免弄脏包里的其他东西。

另外，放在木制便当盒［尤其是颜色较淡的木制材料便当盒］里的菜肴，颜色最好不要太深，以免盒子内壁染上菜肴的颜色。若菜肴用到番茄酱或咖喱等颜色较深的酱料时，我还是建议用塑料便当盒装。若要用木制便当盒，可以先铺上烘焙纸或铝箔，再放菜肴，这样清洗便当盒的时候也比较轻松。

木制便当盒在中国也可以网购，价格不等，从人民币一百多到几百元都有，大家按个人喜好选购即可。我手头有几个木制便当盒，有的就是从中国网购的［人民币一百多元］，使用感尚可，清洗方式也就是用海绵加洗洁精，洗干净后与其他餐具一起晾干。还有一个木制便当盒是在日本秋田县与母亲一起旅游时，她买给我的，约合人民币六百多元。这样一个便当盒在日本也算昂贵的，当时母亲特意跟我说，这是"一生物"［isshōmono］，意思是这件物品真的可以让你使用一辈子。

没有涂料的"白木"便当盒，需要留意保养方式。普通的塑料便当盒，用完餐直接收起来，到家之后再洗也没问题，但木制便当盒容易吸收食物的味道，用餐之后最好先用冷水简单洗一洗，再收起来。若白天忘了洗，晚上回到家，先用50℃左右的温水泡一下，让里面干巴巴的米粒变软，再用海绵洗净即可。有些人说木制便当盒不能用洗洁精，但我总觉得不用就洗不干净，所以一般还是会用。但请注意，木制便当盒比较容易吸收香味，所以不要用香味太浓烈的洗洁精，我一般用无香精洗洁精。

洗完便当盒，先开口朝下放一会儿，以免盒子里有水分残留。过一会儿把开口朝上，晾到早上做便当时即可。

木制便当盒需要一些额外的"照顾"，让人感觉有点麻烦，但它的质感可以为生活增添一些温度。若经常带便当，可以考虑购入木制便当盒。

Thursday

什
锦
散
寿
司

– 什锦散寿司材料

白米饭　冬笋［水煮，真空包装］　虾仁　鸡蛋　油菜花　海苔［用剪刀剪成丝］　白芝麻
白醋　白糖　盐　料酒　生抽　植物油［做蛋皮用］　青芥末［按个人口味］

–所需时间........40分钟

–份　　量........2人份

制作步骤

日本三月份的节令食俗，是女儿节的寿司。其实女儿节和寿司并没有直接关联，但色彩缤纷的什锦散寿司、手鞠寿司、手卷寿司等让人心情愉悦，亦有春日气息，所以不少家庭在三月过节时都会准备。

蛋皮丝［常备菜］：可冷藏保存，提前一天做好放入冰箱即可。或把蛋皮冷冻保存，早上做便当的时候取出来，半解冻状态时切丝。

<table>
<tr><td>1</td><td>2</td></tr>
<tr><td>3</td><td>4</td></tr>
</table>

1. 做寿司饭

    准备寿司饭调料。将白醋［2.5 汤匙］、白糖［1 汤匙］和盐［少许］搅拌备用。白米饭趁热放在碗里，加入调料后静置 10 秒，再用勺子混合。同时用扇子给米饭扇风，以便水分快速蒸发，使米粒色泽更加亮白。

2. 准备虾仁

    虾仁去泥线，加少量淀粉去腥后洗净。平底锅加热，用少量饮用水和料酒煮 3 分钟，用盐调味。

3. 冬笋调味

    冬笋切片，放入锅中，用料酒、白糖和生抽调味。

4. 准备蛋皮丝、油菜花

    蛋皮切丝备用。油菜花的处理方式请参见"夏日便当"部分的"鲑鱼饭团便当"。

女儿节定番的美丽与哀愁

2013 年，宫崎骏的吉卜力工作室推出《辉夜姬物语》，取材自日本最古老的物语作品《竹取物语》。话说很久很久以前，砍竹子的老翁在山里发现一棵格外漂亮的竹子，砍下来后，发现竹心处有一个小女孩。小女孩在老夫妇的呵护下长成亭亭玉立的美少女，大家都叫她"辉夜姬"[Kaguya Hime]。由于芳名远播，贵族子弟甚至皇室都来求婚，但无一例外都被她拒绝了。原来，辉夜姬是来自月亮上的仙女。在某个八月十五的月圆之夜，这位月光少女作别人间，回到了月宫。

辉夜姬为什么要回月宫去呢？按照吉卜力的版本，辉夜姬曾经真心喜爱乡村生活，整日跟着村里的孩子满山疯跑，为捉到了山鸡兴奋不已。但随着年龄的增长，以及被迫告别了乡间生活后，她看透了人间的尔虞我诈，于是有了返回宁静月宫的念头。

从竹子里出来的辉夜姬，成长速度异常地快，山里的小孩干脆叫她"笋"[takenoko，竹笋]。在日本说及"笋"，指的是中国的冬笋 ——孟宗竹［或称"毛竹"］的地下茎。

5. 装盒

　寿司饭放入便当盒［一半高度］，撒白芝麻和海苔丝，再铺满蛋皮丝，继续放入虾仁、
冬笋和油菜花即可。按个人口味在便当盒角落加青芥末［少许］。带一小瓶生抽，食
用时洒一点在寿司上。

中国生产的冬笋在地下从秋天开始生长，10月下旬到次年2月初采摘，而在日本采摘时间在3—4月，算是春天里的佳肴。中国常见的细长"春笋"，在日本被称为"淡竹"[hachiku]，普通超市里不太容易找到。

记得小时候有几次，父亲从附近的山里挖出几棵冬笋，为了去除涩味，母亲准备了米糠水，将带壳的冬笋煮了约一小时。为了延长笋的保鲜期，煮的过程中还加了几枚干辣椒。

母亲煮冬笋时，我会在一旁乖乖等着，为的是捡起煮完冬笋后扔掉的外皮，再拿给父亲。父亲喜欢动手做事，也知道各种"低成本"的享乐方式：他拿起一张竹笋外皮，笋皮不能太硬也不能太嫩，把一颗去核后的梅干肉包起来，用线系好，做成小小的三角形。大小刚刚和小孩的掌心差不多，我从三角的一个角慢慢吸出里面的梅干肉，还带有一点点笋味。其实它的味道比不上其他点心，但三角形的笋皮很可爱，我经常把它吸到笋皮都染成梅干的粉红色。

在日语里，冬笋去壳后露出的白嫩外皮被称为"姬皮"，通常做成清汤，取其清鲜。爽脆的笋肉常用来做成"煮物"或拌入什锦散寿司。我小时候偏爱荤菜和零食，不怎么懂得享受竹笋的鲜味。但母亲嘱咐说多吃竹笋就能像辉夜姬一样挺拔好看，我也就乖乖听话了。

玩贝合的女孩们，图片来自江户时代浮世绘画家喜多川歌麿的狂歌绘本《潮干のつと》[《潮干的土产》，1970 年]，CC0 [Creative Commons/ 知识共享] 授权。

　　《辉夜姬物语》中有一个情景让我印象深刻。辉夜姬在一场晚宴中看到喝醉的客人刁难竹翁"父亲"，此刻她对尘世极为厌倦，于是用力捏碎手里的贝壳，夺门而出。自古以来，贝壳是日本贵族女孩玩"贝合"［kai-awase］游戏时的道具。将贝壳清洗干净并用沙皮纸打磨至表面光滑，再贴上金箔，并画上彩绘和诗歌，女孩子们按贝壳上的彩绘寻找与之相配的另一半，两片贝壳合上后严丝合缝才过关。贝合彩绘题材多为《源氏物语》和《百人一首》，汇集日本广为流传的和歌，华丽优雅。

　　因为蛤蜊都是两片紧紧扣合在一起，不同的壳也一定无法吻合，所以它在日本就成为女性贞洁的象征。父母也借此寄托对女儿美满婚姻的祝愿。时至今日，每逢三月女儿节，父母还会为女儿准备色泽明艳的什锦散寿司和文蛤清汤。女儿的汤碗里会放上成对的文蛤，而且每扇贝壳上都有一块蛤肉［等于一个文蛤里有双份蛤肉］，真是可怜天下父母心。

— 便当小贴士 —

文蛤清汤

前文介绍的文蛤清汤，算是"潮汁"［ushiojiru］的一种。潮汁是用海鲜做成的清汤，与用昆布和柴鱼片制成的"出汁"高汤不同，潮汁据说是继承了渔夫料理的风格，不加柴鱼片，单凭海鲜的鲜味取胜。虽说潮汁可以加入鲷鱼、蚬等各种海鲜，但女儿节的"定番"［经典搭配］一定是什锦散寿司加文蛤清汤。文蛤清汤的做法比味噌汤更简单，材料也不算复杂，大家不妨一试。

– 文蛤清汤材料

文蛤　昆布［或海带，约10厘米见方］　盐　料酒［可用黄酒代替］

–所需时间……30分钟

–份　　量……2人份

1 | 2 | 3

制作步骤

文蛤煮太久会变硬，开口后取出为佳。另，文蛤本身有些咸味，加盐需适中。

1. **处理文蛤**

   准备大碗，加清水和盐［适量］，制成浓度为 1.5%—2% 的盐水。将文蛤［6—8 个］放入盐水中让它们吐沙，之后用刷子清理。

2. **加热**

   将昆布、文蛤和清水同时放入锅里，文火慢煮。火候控制在 5—6 分钟后煮沸的程度，以便充分释出文蛤和昆布的鲜味。等文蛤开口后，将文蛤和昆布取出，放入小碗里备用。

3. **调味**

   汤汁去除浮沫，加入料酒［1—2 汤匙］。按个人口味加盐调味后盛入碗中。可加水煮的芥菜花点缀，以增加季节风味。

Friday

玉子烧便当

– 玉子烧材料

鸡蛋　白糖　盐　植物油

– 日式凉拌菠菜材料

菠菜　柴鱼片　生抽　芝麻油

– 简易版日式豆泡材料

豆泡　鲜香菇　白糖　干贝素　生抽　料酒

–所需时间........20分钟

–份　　量........2人份

制作步骤

玉子烧：做玉子烧可用平底锅或玉子烧专用方形平底锅。不管是哪种，初学者可选特氟龙［Teflon］涂层的不粘锅。

日式凉拌菠菜［常备菜］：菠菜在冰箱里能存放一两天，可事先准备，一并调味即可。放柴鱼片一方面是增加风味，另一方面是吸收菠菜水分，防止出水。

日式豆泡煮物［常备菜］：做好可在冰箱里存放两三天。

1. **做蛋液**

   打鸡蛋［3个］，在蛋液中放入白糖［1汤匙］和盐［少许］打匀。还可按个人喜好放料酒［少许］。蛋液不用打太均匀，可保留蛋黄和蛋白两种颜色，以便口感更松软。

2. **做玉子烧**

   开中火，往锅里倒植物油［少许］加热。倒入三分之一蛋液，蛋液上层开始凝结后，将蛋皮折回三分之一，再折三分之一，方形平底锅三分之一大小的玉子烧就基本成形了。

3. **成形玉子烧**

   往锅中空出的部分加植物油［少许］，加入剩下蛋液的二分之一继续加热，这时要轻晃锅子，在做好的小块蛋皮下面也加入蛋液。蛋液上层开始凝结后，以小块蛋皮为中心做成大一点的玉子烧。最后将剩下的蛋液全部倒入，重复上述动作。做好的玉子烧放在厨房纸巾上，自然冷却。

毕业写真

"有没有小时候吃便当的照片呢？"曾有中国的媒体朋友这样问道。我趁着回国的机会，在家找了几遍，可惜一无所获。不过，翻箱倒柜也有意外的收获：从出生到念大学的相册都被发掘出来了。

除了自家的几本相簿外，我还找到了"毕业相册"*。由于高中时读的是女校，我一升入大学就被羽毛球社的学长们"惦记"上了。他们再三哀求要看我的高中毕业相册，不用说，只是为了挑出照片里的美女，好让我安排"联谊"。遗憾的是，我天生不擅交际，入选的美少女们都不在我的朋友圈里，让前辈诸君空欢喜一场。

其实，精装本的毕业相册颇为厚重，蛮占空间的。按时下日本流行的"断舍离"标准，应该算是没必要留在家里的物件。但我与日本的朋友们谈到这个话题时，看法却

---

* 毕业相册［日语：卒業アルバム］：由学校或班级集体合影、个人肖像照，以及少量学校生活照构成。与在中国大陆流行的个性化"毕业写真"不同，摄影一般由学校附近的照相馆负责，制作费用由每个家庭负担，约合人民币 500 元左右。

4. 做凉拌菠菜

　　菠菜［1 把］去老叶后洗净，大锅里煮开水，加芝麻油［3—4 滴］并烫菠菜。先放入根部烫 30 秒，随后放入叶部再烫 30 秒，捞起并冷却。用手控干水分，切成段，用生抽调味后拌入柴鱼片［1 撮，约 3 克］即可。

5. 煮豆泡和香菇

　　香菇用干净的布块擦净后切片备用。小锅里煮开水，放入豆泡［约 12 颗］过水，以便去除多余的油味。另起锅开中火，加入料酒［1 汤匙］、白糖［1 汤匙］，将豆泡和香菇煮透后放干贝素和生抽［各少许］调味。

相当一致：毕业相册是用来回忆"初恋"的，万万扔不得。说来恍若隔世，作为一名 70 后，念大学时大家还在用胶卷拍照，小时候就更没机会用相机去记录日常生活了。于是乎，要回忆自己的初恋对象，别无他物，就只能靠毕业相册了。聊到这里，熟悉日本流行文化的读者朋友会想起一首歌吧，那就是松任谷由实 * 的《毕业写真》。歌词写道："遇到悲伤的事，我就打开皮制封面的毕业相册。照片里的那个人，有着温柔的眼神……"

我的初恋对象是铃木君，小学时代的同班同学。他个子比较矮，精瘦，爱运动。喜欢上他的机缘比较特别，故而记得格外清楚。有一天，班主任老师突然说起早餐的重要性："吃早餐很重要，不吃早餐无法集中精力学习，为了吃早餐我们要早起，为了早起就得早点睡……"苦口婆心之后，老师问小朋友："今天早上大家吃的什么呢？"

说起日本最基本的传统早餐，就少不了白米饭、味噌汤和鸡蛋。鸡蛋可谓最实惠的蛋白质来源，生鸡蛋可拌热乎乎的白米饭，也可做成煎鸡蛋、炒蛋和玉子烧［tamagoyaki，日式厚蛋烧］，每天吃也不会重样，偶尔换成纳豆或一小段烤鲭鱼或鲑鱼。不过虽说是传统早餐，能做出这种早餐的家庭现在恐怕也不多了，主要是因为大家都习惯了更简便快捷的生活方式。我小时候也是如此，一顿早餐可以是用

* 松任谷由实：日本实力派女歌手，旧名为"荒井由实"，1973 年发行首张专辑《飞机云》，2013 年被日本政府授予紫绶褒章奖，曾多次与宫崎骏合作。

前一晚剩下的味噌汤做的泡饭，是一片果酱吐司加一杯牛奶，是没有馅料的小饭团和味噌汤，或母亲直接递给我一碗米饭，我打开永谷园的泡饭料，倒水，做一碗速成茶泡饭。

老师发问的那天早上也不例外，我吃的就是一片吐司和一杯冰牛奶。而同学们一个个说得精彩纷呈：鸡蛋三明治、鲑鱼饭团、肉桂面包卷、玉子烧和白米饭再配味噌汤……我一听就觉得糟了，和同学们的早餐比起来，自己吃得未免太简单了吧，多少感觉有点丢人。于是轮到我的时候，就变成了"玉米浓汤和奶油餐包"。固体和液体的组合没变，但是内容升级了一下。而我没想到的是，后面的男生接着发言道："面包和牛奶。"语气听上去很轻松，甚至带有几分潇洒，连是什么面包都不解释。不过可能他自己也觉得太简单了吧，说完就轻轻笑了一声，有几个同学也跟着笑起来。记得这之后同学们说的早餐就没那么丰盛了，纷纷变得朴实家常起来。

那一刻我很佩服铃木君的"勇气"，同时为自己的虚荣心感到惭愧。这就是我初恋的机缘。之后我的运气不错，初中一年级又与铃木君同班，而且还是同桌。他参加了足球队，我则稀里糊涂进了剑道部。每次在同一块场地训练时，剑道部闺蜜小香总不忘提醒我："快看！你的铃木君踢球踢得多帅呀！"

不过我的桃花运止步于此，二月情人节的时候，我给铃木君送了巧克力，对方毫无反应。初中三年级的夏天，父母购置了新房，全家要从东京都搬到茨城县，因为妈妈说"那里的空气很好"。我哭着抗议并恳请至少等到毕业，但无济于事。话说回来，茨城县的新同学也相当热情，记得东京的初中是要带便当的，而茨城县的初中则由校方提供午餐，其中还包含一份盒装牛奶。记得新同学热情地教我如何把喝完的空盒子折起来，以便缩小垃圾体积。在新的初中，我也交到了要好的朋友，但毕竟交流的时间太短，而且当时大家忙着考高中，三月份毕业的时候也没有太多的感动，接着就进入短暂的春假*。

没想到的是，茨城县的毕业典礼过后没多久，我就收到一个从东京的母校寄来的包裹。打开一看，竟是毕业相册。虽然里面没有我［因为一般到了三年级最后几个月才集中拍摄］，但看到同班同学、闺蜜小香、班主任老师，以及变得成熟了些的铃木君，还是不由得热泪盈眶。

松任谷由实的《毕业写真》经常登上毕业季歌曲的排行榜，且年年徘徊在前几位，称得上是经久不衰的国民歌曲。每年到学期结束的三月，不少毕业生会选这首歌在毕业典礼上演唱。

＊　日本学校一般四月开学，三月毕业，而高中和大学的入学考试则安排在冬季。

我幼儿园和小学的毕业写真集。那是胶卷相机的时代，学校每次举办运动会和郊游，都会邀请摄影师［通常是学校附近小照相馆的老板］拍照，事后把所有照片都洗出来挂在走廊里。学生在信封上写自己想要的照片编号和自己的名字，并附上复印费用，几天后相馆会把照片一并送到学校。相馆还负责制作每年的毕业写真集。

"在街上遇见你，却不知道怎么打招呼。因为你依然还是毕业照里的那个模样。随着时间，我逐渐改变了我自己。请你时时在远方提醒着这样的我。你就是我的青春。"

但我一直觉得，这首歌并非最应景的毕业歌曲，而是踏入社会一段时间后，翻看着毕业相册里的一张张照片，回忆青葱校园时光发出的感慨。歌曲里的"你"也许是喜欢过的人，也许是当时的朋友，也许就是当时的自己。

相册是很奇特的东西，有时它并非只是照片里的影像，还有画面外的记忆与回想。《四季便当》出版后，我一度会在家里特意摆拍便当、早餐和点心，为此要准备桌布、花朵、小摆件。当时我说服自己这是为了工作，但后来总觉得哪里不对劲，慢慢就拍得少了。

其实，这篇文章里介绍的玉子烧便当，也不必加这么多小菜，就白米饭和玉子烧，再加上冰箱里的咸菜即可。加这些小菜，表面上是考虑营养因素，但追根究底，还是我的某种虚荣心作祟。我做便当、给便当拍照的时候，脑子里仿佛有两个人，一个是喜欢这样做便当的自己，还有一个是铃木君，他就那样轻轻笑一声跟我说：哎呀吉井，再轻松一点嘛。

── 便当小贴士 ──

玉子烧为什么加糖？

有一次我在北京参加公益活动，和小朋友们一起做玉子烧。"先做蛋液哦。"我打了三个鸡蛋，然后加糖，一汤匙，再加一汤匙……这时有几个小朋友尖叫起来："加那么多糖呀！"

玉子烧里加糖，在日本算是关东地区的做法。我的母亲是关东地区出身，而且我是在东京长大，习惯吃甜味玉子烧胜过咸味。而关西地区的玉子烧是咸的，蛋液里会加少许"出汁"[日式高汤]，口感比关东的玉子烧更柔软些。

顺便说一句，做玉子烧时使用的方锅，关东地区用的是正方形的，而关西地区习惯用细长矩形的。据说名古屋周边会使用宽短矩形的方锅。

回到正题，我做便当时经常加小块玉子烧，一般不加高汤，而是加点白糖。这除了个人习惯外，也有实用性的原因。第一，加了高汤的玉子烧，时间久了会一点点地出水，我担心放在便当盒里会影响其他菜肴的口味。第二，蛋液里加糖，可以提升蛋白质的凝固温度，做成的玉子烧口感不会太硬，有弹性。第三，加了糖的玉子烧，黄色更加鲜明。至于加糖的份量，可按各自喜好增减，但我个人建议还是加少许即可，口感会好些。

在北京期间，我发明出一种中日结合的玉子烧，就是加了咸蛋的玉子烧。在日本很少吃鸭蛋，更不用说咸蛋了。在成都期间第一次吃到咸蛋时，觉得蛋黄特别好吃，我和法国闺蜜都觉得好比高级奶酪。打鸡蛋时加少许切碎的咸蛋，蛋黄、蛋白都可以，大概三个鸡蛋里加半个咸蛋即可。然后不加糖[因为个人感觉咸蛋和甜味不搭]也不加盐[因为咸蛋已经够咸]，就这样做成玉子烧。口感比加了糖的普通玉子烧稍微硬一些，但味道浓郁，是在日本吃不到的滋味，推荐大家试一试。

做完便当，剩下的材料可以当作早餐配菜。茶泡饭是米饭加"茶泡饭之素"［茶泡饭专用调味料］的简易版本。

Saturday

面包「耳朵」法式吐司

- 面包"耳朵"法式吐司材料

面包边　鸡蛋　牛奶　白糖　肉桂粉　黄油　糖霜［或蜂蜜］　香草精［按个人口味］

－所需时间........40分钟

－份　　量........2人份

制作步骤

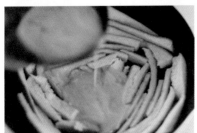

1. 铺面包"耳朵"

   平底锅里涂上黄油，然后将面包边［约20条］铺在平底锅里，建议由外侧向内侧铺。

2. 做蛋液

   将鸡蛋［1个］打匀，加牛奶［100毫升］、白糖［1汤匙］，按个人口味加几滴香草精，
   充分混合至顺滑。

3. 浇上蛋液

   蛋液需在面包边上浇均匀，以便在平底锅里均匀受热。

夜晚的鸟声，山中的路

　　这篇文章本来想介绍萝卜三明治，然而，在做完三明治把剩下的面包边做成一道甜品时想到，要不这次稍微换换口味，介绍一下这道甜品和关于它的回忆。这段回忆和二十八岁那年、申请打工度假签证到法国南部生活那段日子有关。

　　先说说这道甜品的名字，它叫"法式吐司"［英文：French Toast］。做法并不复杂，把吐司片或切片的法棍面包浸在加了牛奶和白糖的蛋液里，等面包吸收了蛋液后，用平底锅煎。煎完后外酥里嫩，是一道味甜可口的早点。小时候我母亲在周末偶尔会把吃剩的吐司片做成一道热乎乎的、散发着黄油香气的美味，然后浇上蜂蜜给我吃。一般在上午，父亲也刚起来，先看看报纸，然后闻到煎吐司片的香味才到餐桌前，和我一起等待这道法式美食。其实，它更像是一种甜品，这让我对它的印象更加美好："能把甜点当早餐，那不就太好了嘛！"

　　那年只身到法国时，我才得知这道甜品在本地的叫法是"pain perdu"［失落的面包］，意指不够新鲜的面包因奶

4. 加热

  开中火，约 2 分钟后翻面，煎至两面变成金黄色即可。

5. 撒上糖霜

  撒上糖霜［或淋上蜂蜜］和肉桂粉，用刀切小片享用。

蛋汁而被重新赋予了新生命。当时，我已经在一座山里的农庄度过了一个冬天，初夏没有太多活可干后离开，随后到下面的村子一个小家庭里当保姆。这家的母亲叫娜舒卡，是一名公务员，父亲叫布鲁诺，是一名维修工。他们有一个刚满三岁的女儿，叫罗拉。

我已经记不清是什么缘故，有一天早晨，娜舒卡出门时跟我说："若你愿意，可以把剩下已变硬的法棍面包做成pain perdu。"我一开始听不明白，然后她简单为我说明了做法，我才知道那就是"法式吐司"，我说："没问题，要不中午做这个好了。"娜舒卡出门没多久，当维修工的布鲁诺也下山到村子里去了，他当时经常去那里为别人维修厨房设备。家里就剩下我和罗拉。

那已经是十多年前的事情了，那天我是不是真的吃了法式吐司，已经记不清了。反正到了下午，我带罗拉出门玩，她不肯放下手中的塑料玩具，这个玩具我一直觉得是她玩具中样子不太好看的一个，有点像潜水舰，也有点像飞行船。我建议把它放在家里，双手空着，走路比较方便。但她坚持要带着，我也没办法，拉着她没拿玩具的那只手，走下山坡。

我本来是想带她去之前工作过的农庄，走上一段满是碎石的小路就到了，带三岁的小孩去应该也花不了半个小时。那里有各种各样的动物，比如两只身形巨大的秋田犬、

爱刁难人的母山羊、吵吵闹闹的孔雀、有着大大的眼睛让
人心生怜爱的小羊们和活泼有力量的一群小猪，想必这些
动物能够让她开心一阵子。

山中的五月，虽是初夏，依然有晚春的留香。所有的
植物都展现出自己最好看的样子：洋槐在空中如雪盛开，
味道清香淡雅，而在树下闻，香气就变得浓郁；地上铺满
了蒲公英的花朵，当中点缀着结成绒球的白色冠毛；还能
看到不知道名字但令人心生喜爱的蓝色小花。耳旁总是能
听到蜜蜂的嗡嗡声，温柔而又催眠。

在这样完美的天气里，我的心情实在太好了，便向罗
拉提议抄近路。走满是碎石的小路会绕得比较久，但如果
闯进小森林去农场，至少可以省二十分钟。正值好奇心最
旺盛年纪的罗拉二话不说，立刻同意，她还率先踏进林中
的小径。法国南部的森林和日本不一样，空气中湿度低，
树木的绿叶也更为明亮。我眼睛注视着罗拉的脚下，而耳
朵开放给树上小鸟婉转的鸣叫声。忽然，我发现自己走在
一条不认识的小径上，并且已经走了不少路，却还没看到
出口，周围的树木也都似乎很陌生。我感到四周的翠绿色
在逐渐加深，气温也降低了少许。

为了让自己冷静下来，我跟罗拉建议停下来，歇一会
儿。罗拉点点头，坐在一块白色的石头上，把手里的玩具
拿到嘴边说"pipe"[烟斗]，模仿用烟斗抽烟的姿势。她那

模样让我想起她的母亲，非常有趣，但我还是决定今晚回家要建议娜舒卡戒烟。

等罗拉 "抽完一支"，我向她坦白："感觉我们迷路了，应该怎么办呢？" 我一边说一边努力克制从心底涌出来的不祥预感，因为我想起我们刚吃的东西叫 pain perdu［失落的面包］，然后我们又在森林里迷路［perdu］了。人是这么奇怪的生物，很会吓唬自己。罗拉瞪着大大的眼睛注视着我，一言不发。平时淘气得让人无可奈何的罗拉，现在和只能说半句法文的外国人在森林里，反而看起来很聪明，显得比我知道的更多、更可靠。我现在唯一能做的事情，就是拉着她的手，沿着我们来时的路往回走。当终于走到能听见蜜蜂嗡嗡声的地方时，我才发现，自己紧张得都出汗了。

到晚上，一般是罗拉的父亲布鲁诺先回来，我和他一起准备晚餐，然后布鲁诺给女儿洗澡，哄她睡觉。父女入睡后，我方听到汽车开进来的声音，娜舒卡回来了。她工作结束后，先要开许久的车到另外一个村子陪自己的母亲，然后才回家。这位疲倦的中年女性话很少，她坐在花园里的木制餐桌上，点上一支烟，深深地吸了一口气。我坐在她的对面，闻到了初夏夜晚草木浓郁的气息和烟草的香味，心里还在犹豫要不要告诉她白天和罗拉差点迷路的事情，最后决定还是不告诉她。关于戒烟，也日后再说吧。夜晚的村子极为安静，也看不到灯光，仿佛只有我们两人在半山腰醒着。突然，娜舒卡看着我，她的眼神好像想要说什么的样子。然后我听到从远方的树林间传来一只鸟婉转的啼声。是白天没有听到过的声音，穿梭过几层夜晚的空气，也许很近，也许非常遥远。我们互相对视着，微笑着，聆听夜晚的声音。那时候我有一种强烈的感觉，自己就活在当下。

追溯我快三十岁那年为何会去法国，最初的想法是想要知道法国人所说的"joie de vivre"［活着的喜悦］到底是什么样子。而离开法国的时候，我知道了：第一，它是用金钱无法获得的东西，也无法从别人身上获取。第二，它只能从生命中涌入你的生活里，没有规则，因为自然而可贵。第三，其实有时候，成人比小孩更需要这种喜悦感。

人的记忆系统有时候挺奇怪，有些事情可以回想得很仔细，但平时你不会想起，只有某一件事引发或刺激你大脑里的某个部分时，它才会浮现出来。对我来说，法式吐司和那天蜜蜂的嗡嗡声、罗拉的眼睛、娜舒卡的眼神和夜晚的鸟声，都是联系在一起的。

我现在给自己做的法式吐司比原版更朴素，用的不是吐司也不是变硬了的法棍，而是做完三明治后剩下的面包边［日语叫作"パンの耳"，面包的耳朵］。用面包边做法式吐司，步骤也差不多。面包边打圆圈的样子很可爱，我做三明治的时候其实不太在乎有没有面包边，但若是给客人或小朋友吃的，切下"耳朵"比较合适，因为这样口感会更细腻、柔软。而且从"资源回收"的角度看，用面包耳朵做的也很接近法式吐司原本的意思。

— 便当小贴士 —

在日坛公园的日子

北京日坛公园附近的俄罗斯人特别多。在北京的几年时间里，我认识了几位俄罗斯朋友，有一段时间我住在其中一个朋友家。他们对我做的日式便当特别感兴趣。本书中的几个便当，我做完之后送给他们吃，他们改天把洗好的便当盒还给我，大家都感到非常开心。

有一对俄罗斯夫妻和他们的小朋友，给我的印象很深刻。小朋友的名字叫马克，大概三岁，刚好和当年我在法国照顾的罗拉一样的年纪。我和俄罗斯朋友聊天都是用英文，马克还这么小，他会用非常可爱的口吻跟我说俄语，我当然听不懂，也只能用日文回答，他点点头，有时会继续用俄语跟我说话，我们就这样交流了半年。右页图片中拿三明治给我当模特的小男孩，就是马克。

住在俄罗斯朋友家的这段时间里，我很少吃白米饭，因为俄罗斯朋友习惯吃面包和土豆，小区附近有不少商店卖俄罗斯食品，有饮料、甜点、罐头、面粉、面包、起司和奶油，只要你愿意，在那里过俄式生活完全没有问题。那时候我们做过好几种三明治，有时候是给朋友当午餐吃的，有时是晚餐，吃完就去日坛公园走一走，所以我对那里非常熟悉，如今闭着眼睛都可以回忆起那里的每一个角落。

照片里的三明治是用炒胡萝卜、起司和火腿片做的。胡萝卜可以冷藏保存两三天，用作便当小菜，或与鸡蛋一起炒制等，是非常便利的常备菜之一。做法也非常简单，胡萝卜用刨丝器刨成丝，往平底锅里倒植物油［1汤匙］，炒胡萝卜丝，然后用番茄酱［1汤匙］、盐和白胡椒［各适量］调味即可。我当时还加了几根水煮四季豆，完全是为了美观。

至于用面包边做的法式吐司，其实俄罗斯朋友的反应比较一般。但我并没有沮丧，人生就是这样吧，我继续做给自己吃。有时候我做三明治，会特意把"耳朵"切下来，就是为了做法式吐司呢。

夹在三明治里的蔬菜，还是以水分较少的为佳，以保持面包松软的口感。夹蔬菜时，把水分较多的放在中间，最好不要与面包直接接触。

春

Sunday

味
噌
炸
猪
排
便
当

– 炸猪排材料

猪里脊　卷心菜　鸡蛋　面包糠　低筋面粉　黑胡椒　盐　植物油

– 味噌风味蘸酱材料

味噌［普通味噌即可，但最好是偏甜的"八丁味噌"］　黄糖　料酒　白芝麻［按个人口味］

–所需时间........60分钟

–份　　量........2人份

制作步骤

炸猪排用蘸酱，一般用伍斯特沙司［别称"辣酱油"，蔬果汁里加盐、糖、醋、香料煮成］，而这里介绍的味噌风味蘸酱在以名古屋为中心的日本中部较为常见。

配菜这次用水煮芋头、水煮胡萝卜和凉拌油菜花，也可以用其他常备菜，如凉拌菠菜、炒胡萝卜等。

炸猪排可以做成盖浇饭，具体请参见本篇"便当小贴士"。

1. **准备卷心菜**

   卷心菜［约2片］洗净后，把硬梗切掉后切丝。切好的卷心菜丝浸在冰水中1分钟，使口感更加爽脆，随后沥干水分备用。

2. **处理猪排**

   猪排受热后，肥肉部分的收缩幅度比瘦肉大，为避免猪排变形，用刀将肥肉和瘦肉相接处划切几下，随后用刀背拍松猪排。两面撒上点盐和黑胡椒备用。

高中最后的便当

现在在网上晒便当的妈妈不少，天天为小孩做出华丽、精致的日式便当，还用海苔做成卡通人物，很有创意。有一次与一位日本妈妈聊天，她说，儿子高中毕业前最后一顿便当，她打算做"土豪"型的：先铺一层米饭，上面放一大块牛排，牛肉要用超市里最贵的那种，最后再加点土豆沙拉和糖渍胡萝卜。她的儿子天天喊着要吃肉，最爱的就是牛排。咖啡厅里人声杂乱但气氛温馨，她双手抱紧马克杯，透露道，儿子高中三年的便当，制作起来确实麻烦，也有几次偷懒，让他带些面包了事，但一想到儿子去东京上大学后再没有为他做便当的机会了，就很想大哭一场。说完，我们想了想牛排便当的粗笨模样，又笑了起来。

日本的开学时间一般是四月份，三月份即进入毕业期。若气温足够高的话，校园里的樱花会稍稍开放，于是平时不怎么引人瞩目的那几棵树，在典礼那天却会成为人气集聚地，不断地有学生和家长在树下拍照。

我高中上的是女子学校，性别单一的环境让我的性格变得比较男性化，对毕业以及接下来的离别并没有感到特

3. **准备炸猪排**

　　准备三个盘子：低筋面粉［3汤匙］、蛋液［1个鸡蛋］和面包糠［1小杯，约200毫
　　升］。首先将猪排两面裹上面粉，多余的面粉轻轻拍掉、拂去。接下来猪排两面裹上
　　蛋液，然后轻轻抖掉多余的蛋液。因为面包糠比较容易脱落，用手指轻轻压住猪排，
　　使其表面均匀地裹上一层面包糠。

4. **炸制猪排**

　　在平底锅里倒入植物油［约1―2厘米高］。油温升至170℃［木筷放入油里，筷子周围
　　有气泡快速浮起时的油温］，将猪排轻轻放入锅里。放入后约30秒不能用筷子去碰，以
　　免面包糠脱落。两面各炸制约3分钟，面包糠呈金黄色，油里的气泡变小后捞出。炸
　　好的猪排放在铺上厨房纸巾的盘子里备用。［最好让猪排立在网架上，可让猪排外层更
　　加酥脆。若没有网架，把盘子里的厨房纸巾更换一两次，也有助于保持猪排的酥脆。］

别忧伤，反而觉得获得了自由。但也有一些同学，在女子学校里并没有失去女生的温柔气质，她们与几个闺蜜并肩哭泣，一副快要昏过去的样子。

高中毕业前是蛮特别的一段时期。有的同学已经考上了理想的学校，有的还在为另外几所学校拼搏。考上的同学还是比较谦虚的，我们并桌吃便当的时候会尽量避开考试的话题，为的是不要刺激到还没考上的同学。还有的同学认定今年没戏，决定下一年当"浪人"［rōnin，复读生］。他们表面上看起来最轻松，但因为接下来的一年没有学生身份*，只有考试压力，神情其实并没有过去两年那样明朗、快活。在这样的气氛中，同学们也尽量说些可有可无的话，好让自己和周围人都感到轻松些。

"感觉今天胃不舒服，便当吃不消。"
"怎么了？"
"昨天在家里啊，不知不觉吃了一整包糖果。"
"天哪，该有多少热量啊。不过我也半夜吃了整包葡萄干。哈哈！"

在此为大家介绍一下我经历的日本高考。简单来说有两道门槛，一是统一考试，二是大学个别考试。统一考试是在高三第三学期［1—3月］伊始，那之后按照考试结果，

---

* 在日本，复读生是上私营补习班，没有学生的身份。

5. **做炸猪排味噌酱**

  味噌［50克］、黄糖和料酒［各2汤匙］一并放入小碗里搅拌，用微波炉或小锅加热2分钟，直到呈现像蛋黄酱般的黏度。按个人口味加白芝麻，浇在切好的炸猪排上。

6. **处理剩下的油**

  炸完猪排的植物油，等油温降低后，可用咖啡滤纸过滤，倒入玻璃杯，用保鲜膜盖上保存，继续用来炒菜。不过这些油因高温加热过，会氧化，不适合长期保存，我个人会尽量在一周内用掉。若用不掉可以用废纸吸收后，扔进可燃物用垃圾桶［为避免环境污染，建议不要直接倒进下水道］。

报考国立大学的个别入学考试［简称"入试"］*。

　　各所院校的入试安排，一般是上午考几门课，下午写"小论文"［作文］。所以，入试那天是需要自己解决午餐的，到了用餐时间，有的学生会到外面点餐，有的学生则吃自己带来的便当。

　　有一次参加东京一所女子大学的入试时，我打开便当盒，看到母亲为我准备的主菜是炸猪排。其实这不是她做的，而是前一晚我们吃的晚餐主菜。母亲本来做好了别的菜肴，但父亲比较信兆头，就从下班路上的超市买来几块炸猪排，非要我吃不可。在日本，炸猪排叫"豚カツ"［ton-katsu］，后两个音同日文的"勝つ"［katsu，意为"胜利"］，所以不少日本应考生家庭会在考试前一晚吃炸猪排，或炸猪排盖饭。

　　母亲把晚餐剩下的炸猪排放进冰箱，第二天早上做便当的时候，用生抽、料酒和白糖调味，再倒入蛋液，就成了此时我面前的迷你炸猪排盖饭。我边吃边想起，母亲早上拿给我便当包的时候，悄悄说了一句"Ganbatte ne"［"加油哦"］。我默默吃完便当，又拿起"时事问题"参考书，准备下午的作文考试。

---

*　和国立大学的考试流程相比，私立大学的"入试"比较多样化，时间一般集中在1—2月。有的私立大学不要求考生提交统一考试的成绩。

用铅笔作文和电脑打字不一样，修改文章时会特别麻烦。用橡皮擦掉前面几句，再写几句又觉得不对 …… 九十分钟内要写一千字，还是有些困难。我在写得乱七八糟的文章最后加了几句特别勉强的结论，听到"停！"的一声令下，考试结束了。我走出考场，在去火车站的路上遇到了同学雅子。

"哟，你也是考这里啊？"我们班的"开心果"雅子说，她今天显得有些疲惫。

"是啊，哎，好累哦。"

"中午吃了什么？"

"炸猪排盖饭。昨天的剩饭呢。"

"我也是炸猪排。我妈还用番茄酱大大地画了一句'Ganbare'['加油']。天呐，我羞得脸都红了，而且字已经被盖子压得好难看了！"

我本来还在紧张地想着刚才的作文，碰到熟悉的面孔，知道我们在同一栋楼里吃了同样的炸猪排盖饭，再联想雅子母亲的番茄酱字母，我开始慢慢放松下来。后来，我们都考上了这所女子学校，但还是选了其他的大学。偶尔在东京经过这所学校附近时，就会想起炸猪排和满面通红地吃着便当的雅子。

听完日本妈妈给儿子做的"土豪"牛排便当，我在想，自己高中最后的便当到底吃了什么，却怎么也没办法想起来。问了母亲，她也摇摇头。所以我就认定最后的便当是考试那天的炸猪排，反正时间上也差不多。要吃炸猪排，当然是刚炸出来、鲜香酥脆的最好吃，但装在便当盒里的常温炸猪排也有另外一番滋味，拿起母亲附上的小小塑料瓶里的沙司酱，浇在炸猪排上吃，非常美味。若在家里，就把炸猪排切块，用蛋液、白糖和生抽调味，咸甜交集，口感温润，有种家常的味道。

便当并不是做得精美、精致，才称得上"用心"。滑稽的牛排便当，用剩菜做出的迷你炸猪排盖饭，这些同样能够传达一种心意。它让你腹内充实，让你想起关心你的人。它更能给你一种力量，去面对外面的新世界。

— 便当小贴士 —

剩下的炸猪排可以做点什么?

炸猪排可以多做几块，第二天再做成盖浇饭。炸猪排盖浇饭日文叫作"カツ丼"〔katsu-
don〕。有一次在北京的日本料理店看到菜名"胜丼"，一开始有点搞不懂，然后仔细想想，
就是炸猪排盖浇饭啊，菜名取了谐音，听上去又有活力，翻译得真好！胜丼浇汁的材料
很简单，洋葱、鸡蛋、白糖和生抽即可。有些人喜欢最后撒上少许"三叶"〔mitsuba，中
文名叫"鸭儿芹"〕，但它在中国的菜市场里不太常见。三叶的主要功能是为菜肴增添香味
和绿色，所以我觉得可以用香菜代替。在日本，有些人不加三叶，而是加少许豌豆仁。

– 炸猪排盖浇饭材料
炸猪排　白米饭　洋葱　白糖　生抽　料酒　木鱼精
鸭儿芹〔或香菜、豌豆仁〕　七味粉〔按个人口味〕

–所需时间........15分钟

–份　　量........2人份

1	2
3	3

制作步骤

1. 准备鸭儿芹

鸭儿芹洗净后切小段备用。

2. 煮洋葱

洋葱［半个］切薄片。小锅里加饮用水［100毫升］、木鱼精［半汤匙］、料酒［2汤匙］、白糖和生抽［各1汤匙］。开中火，煮开后调小火，放入洋葱加热1分钟。

3. 加热炸猪排

洋葱变软后往锅里放入切条的炸猪排［1—2块］，翻面后倒入蛋液［2个鸡蛋］。盖上盖子，继续加热10秒后关火。打开盖子放入鸭儿芹，浇在碗里的米饭上。按个人口味撒点七味粉。

经典炸猪排是浇伍斯特沙司，底下铺着大量的卷心菜丝，再配上柠檬、番茄和黄瓜片。当然也少不了热乎乎的白米饭和味噌汤。

夏

四季便当II

|summer|

Monday

手作梅干

– 手作梅干材料

青梅［6公斤］* 盐［份量约占青梅的 15%—20%］† 烧酒‡［容器和青梅灭菌用，100 毫升左右］
紫苏［1公斤］

– 手作梅干工具

陶罐§：腌制青梅用，可用玻璃瓶或珐琅容器，避免用金属容器¶。

内盖［压板］：腌制过程中，置于青梅和重物之间。木制、塑料皆可，避免用金属材料。

重物：载荷用石头，需为青梅重量的 1—2 倍。

牙签：挑青梅蒂用，竹制或木制为佳。

–所需时间........约一个月［按梅子质量和气候不同有所变化］

–份　　量........腌制梅干的份量依个人喜好而定，上述份量的梅干，两个人每天各
　　　　　　　　一颗左右，够吃一年。

---

* 青梅重量：在步骤 1 的过程中需要挑出有刮伤等瑕疵的梅子，所以建议多买一些梅子。
† 盐分含量：梅干的盐分含量传统上是占梅子重量的 20%，现在比较常见的做法是控制在 18% 左右。不少家庭出于健康的考虑制作"减盐"梅干，盐分含量约 10%。
‡ 烧酒［烧酎 /shōchū］：蒸馏酒的一种，酒精度一般在 35 度。在日本，做梅干或青梅酒时使用的烧酒叫"white liquor"［和制英语词］，是一种白色蒸馏酒。
§ 陶罐容量：制作过程中除了梅子外，还会放重物和紫苏等，所以容器容量需要比青梅体积大一些。
¶ 腌制梅干用的容器、重物、内盖和外盖都要避免金属材料，以免与梅子中的酸发生化学反应。

制作重点

[1] 请保持卫生，以免梅子发霉。

[2] 梅干的盐分含量：按个人口味可以增减，但盐分含量 12% 以下的梅干容易发霉。若需要保存五年以上，建议盐分含量不低于 15%。

[3] 梅干可以长期储存，放在玻璃瓶或陶瓷缸里，置于阴凉处即可。

1. 青梅的选购和"追熟"

在日本比较常见的是南高梅*，但按个人喜好和各地条件的不同，可用"白加贺"或"藤五郎"等。做梅干用的青梅以果皮薄、果肉多为佳，选购时要注意是否有虫害、刮伤或黑斑。但有一点瑕疵的梅子还可以用来制作青梅酒、青梅糖浆和果酱，请别浪费掉。青梅不能直接腌制，先放在通风较好且低温的地方，花几天的时间进行"追熟"，让青梅变得更柔软、颜色变黄［请参考上面图片］。若买来的青梅已经变黄，可直接开始腌制。

2. 去蒂

用牙签去蒂后，用流水洗净青梅。准备干净的布块，擦干青梅上的水分。

---

* 南高梅［nankōume］：日本的青梅盛产于中西部的和歌山县，南高梅是该县生产的梅子中最具代表性的品种，果肉丰厚，果核小。南高梅 1 公斤售价约 1000 日元［约合人民币 62 元］。白加贺［shiro kaga］产于关东地区，果肉多，果核小，适合做梅干。藤五郎［tōgorō］主要产于新潟县，果肉多，果汁多，适合做梅酒，也可以做梅干。

梅干日记

日本的梅干［umeboshi］和中国的话梅有什么不同？
这是我曾经在北京生活时朋友经常问到的问题。虽然名字
里有"干"字，但梅干是"湿"的，味道极酸极咸，是用
梅子、粗盐做的一种渍物［tsukemono］，是能够长期常温保
存的腌制品，以肉质厚、果皮薄、表面湿润为佳。在过去，
制作梅干是家家户户的一件大事，每个家庭的厨房都少不
了一只大缸，用来制作和保存梅干。现在自制梅干的人没
有以前那么多，但还是有人很重视这件事，加上因新冠肺
炎疫情影响，人们发觉到 DIY 的乐趣，手作梅干也成为不
分男女老幼的共同爱好。听说疫情期间，东京几家 DIY 材
料店做青梅酒和梅干用的玻璃大缸火爆热销。这也是有道
理的，毕竟店里卖的梅干并不便宜，尤其用南高梅做的梅
干被视为高档品，可当作节日礼物，一粒大颗的梅干接近
一杯咖啡或一个蛋糕的价格。手作梅干更划算，制作过程
中还会有梅醋和紫苏叶等副产品，收获不少。

中国的话梅和腌梅一般当零食吃，而在日本，梅干最
普遍最合适的食用方法，无疑是配米饭吃。在便当的白米
饭中央放一颗梅干，不单是色彩搭配，口味也会变得非常

3. 算盐量

　经筛选、去蒂并洗净后的青梅共有 5170 克，这次用 15% 的盐分含量来腌制，所需的
盐就是 776 克。

完美，感觉一下子就"和风"了起来。梅干确实在便当中扮演着重要的角色。日本人在便当盒里放入梅干，除了美观外，也有其他原因：梅干有抗菌、解毒和调理胃肠的作用，此外还因柠檬酸的效用有促进代谢、加强肝脏的机能、加快体内乳酸的排出，以及迅速消除疲劳的作用。我个人的习惯是先把便当盒里的菜肴都吃完，最后留下梅干和一点米饭一并享用，这样嘴里比较清爽。

我母亲每年会做好几百颗梅干，并分给邻居们，那是她每年的社交活动。有一次，大概在我高中时代一家人吃晚餐时，母亲突然说，以后不给邻居那么多梅干了。父亲、妹妹和我纷纷问她为什么，她说："从邻居们的反应来看，大家好像不太喜欢我做的梅干。可能太咸了吧。"

我们急忙异口同声地表示不赞同：
"不会啊！"
"你做的梅干最好吃。"
"是呀！不过以后真的少给邻居吧，我们还不够吃呢！"

母亲瞄了我们一眼，说声"是吗？"，然后继续吃饭。我们知道，她做的梅干并不"时髦"。在过去，梅干是日本人餐桌上的必备品，但现在日本的饮食习惯已经相当西化了，随着大米消费量的下降，自己腌制梅干的人也少了。要吃梅干，就去超市买呗。但我们真的觉得，还是母亲做的梅干最好吃，她做的那种梅干，在超市是买不到的，那

4. 撒盐

    擦容器后，将烧酒［少许］洒在青梅上［消毒用］，接着把盐裹上青梅，放入容器里。
放一层青梅，再撒一层盐，如此重复两三次，直到青梅和盐都用完。

里都是什么"减盐""酸甜软性"之类的梅干，我们就是吃不惯！再说，家庭自制的梅干，关系着主妇的"自尊"和"骄傲"，我们不能不支持母亲做的梅干。

采购鲜梅、洗净以及腌制：6月中旬—下旬

做梅干时，从头到尾需要细心地照料。首先是青梅的挑选，每逢六月的梅雨季，母亲仔细挑选又大又肥的梅子。在超市里码成堆的青梅，母亲全都看不上，她近乎固执地常年订购某户农家的青梅。我说看起来都差不多嘛，母亲听了直皱眉头："几年前用了超市买来的青梅，结果整缸都发了霉，十公斤梅子只能通通扔掉。"我心想这未必是青梅本身的问题，没准儿是腌制过程中的不小心造成的，不过一想到母亲是腌了几十年梅干的家庭匠人，我决定还是乖乖听她的吧。日本有句民谚："梅干做不好的年头不吉利。"的确，那一年，无论是日本还是我家都出了些状况。我一直自认不信邪，但对于梅干，好像有一点信仰般的感情。

现如今，和歌山农家的南高梅，母亲至多订上五六公斤，换算为梅干颗数应该在两百多颗。早些年家里有我和妹妹，订十公斤说不定都不够吃，如今我们都远走高飞，老两口根本吃不完那么多。刚寄到家的青梅颜色偏绿，这种未熟的青梅最适合做青梅酒和青梅糖浆，做梅干用的话还需要进行"追熟"。在走廊上的阴凉背光处放上两天，青梅就开始变黄，每次一进家门就能闻到梅子散发出的甘甜

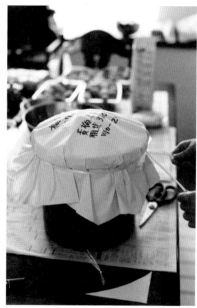

5. 用重物压住

　　用内盖覆盖青梅，再放上重物和外盖，重物需要至少和青梅同等的重量，但不能太重，以免青梅被压坏。最后用纸把瓷缸上方包起来。在阴凉处放五六天，等白梅醋出来。

香味，心情也随之放松下来。散发着香甜气息的梅子，腌
制后却变得那么酸咸，想想也很奇妙。

青梅变黄后［"黄熟"］，即可着手腌制。第一步是筛选，
外皮有擦伤或果实太软的都不合格，果皮完整的青梅，方
能保存长久。正因此，人们选购青梅时会格外留意果实的
外观，卖家也都小心翼翼地把青梅放进结实的透明塑料盒
里。这种包装盒我和母亲都舍不得扔，说好要留到明年四
月。到时父亲的周末菜园会有草莓大丰收，带去采摘正合
适。不过表皮有刮伤或变色的青梅也可以用来做糖浆和果
酱，这也是手作梅干时收获的副产品和乐趣。

青梅先不水洗，用牙签去蒂。之后用大量流水洗净青
梅，随后搁在细竹筐箩里控水。在作业台上铺一块布，将
青梅放置其上，去除水分。因时节在梅雨季，气温和湿度
都比较高，处理青梅的过程中我们会打开空调，为的是创
造一个恒温恒湿的小环境，防止青梅变质。"别老捏着梅
子！它会吸收你手上的温度，动作快点！"母亲的声音相
当严厉。她做梅干时特别认真，一向如此，长年不变。

将干净的布浸泡烧酒后，擦净腌制用的容器。我们用
的是"常滑烧"*瓷缸，隔热性好，内壁不易受外界温度变

---

* 　常滑烧［tokoname yaki］：产于日本六大古窑之一"常滑"的陶器，起源于
　　公元 12 世纪平安时代末期，地点位于爱知县常滑市一带。旧时常滑烧以
　　排水管、烟囱等烧制陶管著名，现以招财猫、朱泥侧把茶壶和腌制梅干用
　　陶罐为特色。常滑烧陶器于 1976 年被指定为日本国家级传统工艺品。

6. 减轻重物

腌制后第二天，梅子开始出水［白梅醋］。等到腌出来的白梅醋漫过所有梅子，将重物的重量减轻一半。大概两周后将部分白梅醋舀出来，放入玻璃瓶备用。为防止梅子发霉，剩下的白梅醋也需要没过所有梅子。

7. 处理紫苏叶

洗净紫苏叶，用盐拌匀［盐度须与自制梅干的盐度一致，即15%］后轻轻搓揉至叶片萎蔫。拧干渗出的水分，加白梅醋［2—3汤匙］，使之增色。再次拧干并铺在缸里的梅子上，放重物继续腌制两周，直到梅雨期结束。这个步骤可以跳过，不加紫苏叶也是可以的，这种梅干被称为"白干"［shira boshi］。

化的影响，很多习惯自制梅干的家庭都有这种朱褐色大陶
瓷缸。器形简单，看起来有点笨重，但它耐酸和盐的腐蚀，
用来保存梅干、味噌和腌菜再合适不过。瓷缸擦净晾干后，
先铺一层处理好的青梅，接着撒一层粗盐，这样重复到装
完所有的青梅，再把口封严实。在盐渍开始后最初的几天，
我和母亲都会一直惦记着："出水了没有？""会不会发霉
呀？"但又不敢打开看太多次，怕细菌误入引起变质。

取白梅醋，加紫苏：7 月上旬

　　盐渍一两周后，我们小心翼翼地打开瓷缸。这时梅子
会析出一种很酸的液体，我们把它叫作"白梅醋"，味道有
点像梅干，凉拌、炒菜、煮鸡肉时都可用来调味。它有很
好的抗菌作用，只要加一点点，菜就不容易变质。用大汤
勺舀出部分白梅醋，装入玻璃瓶。因为梅子已经变得非常
柔软，为了防止梅子被压扁，重物需减重一半，然后把瓷
缸重新封起来，继续腌制。白梅醋呈淡黄色的透明状是正
常状态，颜色若不清，则表示有梅子变质或发霉，需要赶
快把所有梅子都拿出来，挑出变了色的梅子，剩下的重新
过烧酒杀菌。

　　每次制作梅干，我都会感受到先民的生活与大自然紧
密关联着。梅子上市，盐渍刚好过了一周并析出足够的白
梅醋，红紫苏叶就上市了。父亲周末菜园的"农友"种了
不少紫苏，等我们确认梅子出水差不多后，他们就会送来

8. 晒干第一天

　　图为晒了一个白天后的梅干。后面呈黄色的梅子是没加紫苏叶的白干。

9. 进行"夜干"

　　晒到傍晚，用报纸轻轻覆盖住梅子，继续放在室外，直到第二天早上。早上揭开梅子上的报纸，继续晒。到傍晚再用报纸盖住梅子，继续放在室外。晒干和夜干步骤共持续三天三夜。

一堆红紫苏叶。紫苏只用叶子部分，叶柄要用手去除，用流水洗净后拿干净的布吸去水分。紫苏叶上撒盐，两只手轻轻搓揉至叶片萎蔫、出水。记得小时候，我看到母亲的双手被紫苏叶染成红色，就有点害怕，催促母亲赶快洗手。搓揉到最后，稍微用力搓紫苏并拧干渗出的水分，再加入两三汤匙白梅醋，使之增色，再次拧干，然后再多洒一些白梅醋在拧干的紫苏上，并把紫苏铺在缸里的梅子上，继续腌制。

首次腌制用的重物和梅子重量等同，而这次，因为梅子已经变软，压住梅子的重物要比首次的轻一半。我母亲有两个渍物石，就是自家腌制时使用的石头，过去每户家庭的主妇都会有。据她介绍，这块石头是我小时候全家到河边玩水时捡到的，但我已经记不清了。这几十年她一直用这两块石头，两次搬家时也没扔掉。压住梅子前，她先用烧酒把石头消毒，再盖上容器的盖子。放置两周左右，直至梅雨期结束、天气开始炎热的七月中旬。

进行"土用干"^{*}：7 月下旬

梅雨季节过后，正式进入炎热的夏季。我们一边挂心缸里的梅子，一边留意天气预报，以便进行"土用干"［doyō

---

*　土用［doyō］：源自中国古代历法中的"阴阳五行"，一年四季各有一次，分别在立春、立夏、立秋、立冬前约十八天。"夏土用"即为每年 7 月末到 8 月初。

第一天"夜干"后的梅子   进行第三天晾晒的梅子

boshi]，也就是选天气晴好的日子，把腌好的梅子连续晒上三天，中间最好不要下雨。每年 7 月 20 日左右的"夏土用"阳光充沛，很多家庭会在那两天晒出自家的梅子。

土用干是在"夏土用"期间进行的年中行事，这期间更为人所知的一个习俗是吃鳗鱼，补充营养以战胜酷热的夏天。日语"干"的意思是"晒"，这段时间人们把家里的衣服和书籍拿出来晾晒透气，以便防虫、防霉。农家则在这段时间进行稻田的土用干，把稻田里的水分抽干一个礼拜左右，以便让水稻根基稳固，同时进行土壤中的气体循环。据说进行土用干后的水稻耐风，产量也大。说及梅干土用干的主要功能，首先是杀菌，强烈的紫外线会对梅子和瓷缸进行杀菌，同时让梅子的水分蒸发，以便延长保质期。

加紫苏再次腌制时，梅子还会出水，这叫作"赤梅醋"[aka-umezu]。赤梅醋可以用作腌渍用调料，山药切细条，或生姜切丝，用赤梅醋腌制几个小时，即可做成简单的渍物。取出赤梅醋后，把梅子和紫苏分开，用竹网晒干。上午十点多，等气温充分升高时，将梅子在竹筛上平铺，进行晾晒。紫苏也一并在竹筛上晾晒。白天将紫苏和梅子都翻一次面。

把梅子轻轻放在细竹筐箩上，记得要让每颗梅子都隔开一点，好让它们全都享受到阳光，晒上一阵子后还需翻

10. 梅子放回容器，密封保存

晒梅子后的第四天，即可将梅子放回容器储存。先用开水洗净储存容器并彻底晾干，再把梅子放入其中。放梅子的同时把晒好的部分紫苏铺在梅子上，同时洒少量梅醋或烧酒，以防发霉。晒干后剩下的梅醋和紫苏叶不要扔，梅醋可以保存在玻璃瓶里，当作凉拌调料、炒菜调味料皆可，紫苏叶可以做成拌饭料"优佳丽"。紫苏拌饭料的做法请参见本篇"便当小贴士"。

面。记得小时候，七月的大太阳照在头顶，母亲戴着大帽子，在花园里气喘吁吁地给每颗梅干翻面。整个花园都弥漫着梅子的味道，奇怪，梅干那么酸，但晒梅干的味道却那么甜美，让人好想大大吸一口气。母亲要我和妹妹来帮忙，花园里的阳光火辣辣的，没待一会儿就会出汗，我们姐俩总是以"要做作业"或"想看绘本"为理由赖在室内，但听到母亲说"好吧，一颗五元！翻二十颗就可以买冰激凌哦！"，我们就争先穿鞋子奔到花园里忙活起来，比赛看谁翻得多。

到傍晚，我们把竹笸箩挪到院子屋檐下，并用报纸轻轻覆盖住梅子。谚语说，梅子在"夜露"中会变得更柔软，所以土用干期间晚上也不会收回梅子，这叫作"夜干"［yoboshi］。这也是我们那么关注天气预报的原因，若睡觉时落下雨点打湿了梅子，这段时间就全都白忙活了。

早上我起床的时候，母亲已经在忙家务了，也早就把梅子放回院子里最能晒到太阳的地方了。"看来，今年的梅子还挺好的。"看到母亲满意的表情，我内心也有了些信心。

密封保存：7月下旬

经过土用干的梅子，颜色更加鲜艳，从样子看已经是完整的梅干了。也可以马上吃，只是口感有些硬，放回瓷缸后过几个月再吃，口感才完美。梅干并没有所谓的保质期，只要密封良好，一年、十年，甚至百年后都可以吃，

陶瓷缸用纸包起来封存，以免灰尘进入缸里。在纸上写下当年做梅干时梅子、盐和烧酒的份量以及制作日期，作为日后参考。

而母亲强调，梅子腌上三年的时候是最美味的。所以现在我们家桌上的梅干，就是一到三年前腌渍的。我们每一两周打开瓷缸取出去年腌渍的梅干，放在小一点的容器里，然后把小容器放在饭桌上，陪伴一家人的每一餐。在我们看来，每一颗亲手做出来的梅干就像一颗红宝石，对一个家庭主妇来说确实称得上是"家宝"。我母亲会把每年做好的梅干留下一小部分，用小玻璃瓶装好，贴上年份，保存在冰箱里，说："我不在之后，你们打开慢慢吃，吃的时候要想起我哦！"最完美的梅干咸酸中带有一丝甜味，果肉软嫩、果皮完整，但每年的梅干口味都不太一样，有时候皮厚，有时候果肉口感比较粗，不过这些差别也是手作过程中的乐趣。

虽然我和妹妹都离开了家，但制作梅干的传统还算是继承下来了。我妹妹每年在公寓小厨房里匆匆做一小玻璃瓶的梅干，在阳台上晒一晒。疫情暴发的 2020 年，我在东京的出租屋里制作梅干，买了两公斤青梅，做出了六十六颗梅干。

听说中国也生产青梅［如广东省陆河县、普宁市和福建省诏安县］，大家若有机会买到新鲜的青梅，可按上面的制作步骤试一试。

—— 便当小贴士 ——

紫苏拌饭料

土用干期间，除梅子外，紫苏叶、瓷缸，以及此前装了白梅醋的玻璃瓶，都可以拿出来晒一晒，有助于延长使用寿命。紫苏叶日晒后变硬，有点像茶叶。部分紫苏叶可以与梅子一并放回缸里长期保存，另一部分可以彻底晒干并做成拌饭料。做法很简单：将晒干后的紫苏叶用锤子或磨粉器弄碎，放在小瓶里保存即可，比梅干更方便携带。在日本这种紫苏拌饭料非常普遍，尤其是三岛食品株式会社开发的优佳丽，几乎在每家超市都能找到。

紫苏拌饭料也是我从日本带回北京的"家乡味"之一，携带更方便。

做好的紫苏拌饭料可以直接撒在米饭上。

紫苏拌饭料拌入米饭做成饭团，用青苏叶包起来，是美味的夏日简餐。

Tuesday

味噌烤饭团便当

– 味噌烤饭团材料

白米饭　味噌　海苔　盐　白糖　料酒

– 鸡肉奶酪卷材料

小鸡胸肉　奶酪片　海苔［大片］　淀粉　鸡蛋　面包糠　盐　白胡椒　植物油

–所需时间........40分钟

–份　　量........2人份

制作步骤

烤饭团：夏天做饭团需要注意卫生，捏饭团时建议用保鲜膜［而不是直接用手捏］，馅料要避开水分多的材料，甚至不加馅料也可以。另外，煮米饭时加白醋［1 小汤匙］，可防止米饭变质，在加热过程中白醋的味道会散掉，煮好的米饭不会有醋的味道。

 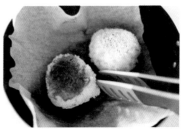

1. 做饭团

    白米饭［3 碗］装入大碗里，撒盐［少许］。将一张保鲜膜铺在手掌上，放一小碗份量的米饭。用双手把包了保鲜膜的米饭捏成三角形，捏好的饭团搁在盘子里备用。

2. 烤饭团

    将味噌［1 汤匙］、白糖和料酒［各半汤匙］一并放入小碗里搅拌。在平底锅里铺一层烘焙纸，开小火，放入饭团。同时用刷子在饭团的一面涂上味噌调料，微焦后翻面，再涂另一面，共烘烤约 6—7 分钟［涂上味噌调料后容易烧焦，需注意］。烤好的饭团搁在盘子里冷却。用干净的剪刀将海苔剪成小块［约 5×10 厘米］，然后包起烤饭团。

3. 处理小鸡胸肉

    小鸡胸肉［2 块］用刀从侧面剖开，片成两片，每面均撒上盐和白胡椒［各少许］。

富士山之味

　　自从富士山在 2013 年被选定为世界文化遗产后，登山人数开始激增。身边不少中国朋友也去过富士山，在"五合目"*看过壮美的云海日出，那是最经典的富士山景色。

　　日本有一首家喻户晓的儿歌，名叫《到一年级的时候》†："到了一年级，到了一年级，会不会有一百个朋友？我想跟一百个朋友一起吃，在富士山顶上，一大口一大口地吃饭团。"我在幼儿园的时候唱过这首儿歌，糊里糊涂地想象自己在高高的山顶嚼饭团的样子。自然而然地，在我脑子里，富士山和饭团就联在了一起。

　　第一次登富士山是小学五年级的郊游活动，当时真是激动得不行。平时天气好的时候，从东京的小学就能遥望到富士山，现在终于有机会得见真身，感觉自己都长大了些，这样的心理很接近中国人说的"不到长城非好汉"吧！

---

　　*　"合目"是把一座山从山脚到山顶划分为十段，离山脚最近的部分是"一合目"，山顶则是"十合目"。富士山海拔 3776 米，"五合目"位于海拔约 2300 米处。

　　†　由日本著名诗人窗道雄［Mado Michio，本名为石田道雄］作词、山本直纯作曲的童谣，1966 年发行。

4. 准备海苔和奶酪

   海苔用剪刀剪成奶酪片一般大小。奶酪片铺在海苔上，卷起来再用鸡胸片包裹备用。

5. 裹上外层

   准备三个小盘子，分别盛淀粉 [2 汤匙]、蛋液 [1 个鸡蛋] 和面包糠 [4 汤匙]，将步骤 4 的鸡肉卷按这个顺序，首先均匀裹上淀粉，接下来沾一层蛋液，最后沾上面包糠。面包糠比较容易脱落，可以用手轻按固定。

6. 炸制

   平底锅里倒入植物油，大约 1—2 厘米深。置中火，油温升至 170℃时 * 放入三个鸡肉卷，封口朝下。刚放入时面包糠最易脱落，鸡肉卷入油锅约 3 分钟内勿用筷子触碰，等下层变金黄色后再轻轻翻面，继续炸至完全呈金黄色。全过程共需约 10 分钟。炸好的鸡肉卷置于铺有厨房纸巾的盘子里备用。

---

* 170℃油温的判断标准，请参见"春日便当"部分的"味噌炸猪排便当"制作步骤 4。

可惜那次郊游，我们一帮小学生都只是坐巴士到五合目，在小卖部买点"土产"，轻轻松松拍一张集体照，就打道回府了。我还记得在山上给妹妹买的礼物是一个迷你的玻璃小花瓶，可以放在手掌上，模样很可爱，但和富士山没什么关系。那次也没有吃上儿歌里提到的饭团。

等到念大学的时候，才有了第二次机会爬富士山，这次可是动真格地爬。那是大二的夏天，我和前辈萌桑〔他的名字叫萌，姓氏我忘了〕还有井上女士一起去爬的。萌桑比我大两岁，井上女士比我大三岁。从山脚的神社出发，坡不算陡，而且一路有茂密的森林相伴，感觉还挺轻松。不过，爬了两个多小时才看到一合目的路标，我开始有点担心自己的体力不够。好在之后的路程比较短，不到一个小时就到三合目了，再花一个小时就可以登上五合目。考虑到五合目那里一定游人如织，于是我们决定在到达之前，先在郁郁葱葱的林间坐下，开始吃午餐。

我们三人从背包里拿出来的，不约而同都是饭团，但又各具风格：我的饭团很简单，白米饭加梅干，梅干是母亲从家里寄来的。萌桑的饭团是从便利店买的，我记得他吃了三四个。井上女士的最精致，三个饭团每个颜色都不一样，粉色的是拌有鲑鱼，嫩绿色的是用豌豆点缀，深绿色的则是裹着一层海苔。

其实我们带饭团，不单是受到儿歌的影响。日本人登

母亲做的盐饭团，米饭里拌入少许盐，捏成饭团，其他东西都不加。有些人觉得这就是饭团的"极致"。若大米品质好，比如说秋日的新米，做成盐饭团最能享受到米饭本身的美味。

某一天的饭团便当：两个杂谷饭团，另附上小包装的海苔。小盒子里装的是炒蛋和加了奶酪的鱼糕。

山或郊游的时候经常带着饭团上路，这也是有原因的。饭团体积小、包装简单［一张保鲜膜］，放在背包里一点不占空间。而且米饭有适当的含水量，即便不配饮料也容易吞进肚子。平时我自己远足爬山的时候也会考虑要不要做便当，但想到吃完还要把空的便当盒背回来，就放弃了。喜欢登山的人都知道，爬山时需要背上水，包里的空间就愈发宝贵了。也许三明治不占地儿，但它比较怕压。再有，可能日本人习惯吃米饭，总觉得米饭比面包耐饥。若觉得只吃饭团比较单调，还可以带几根黄瓜，在家洗干净，放入保鲜袋，外加一小包食盐。到了山上分给大家，一人一根，蘸着盐吃别有一番滋味，既能迅速补充体力，也不会产生登山垃圾。

　　到六合目后，山路越来越陡峭，地面露出了火山岩，得手脚并用方可前进。我们在八合目极为简陋的小屋里过夜。吃完简餐，边看云海边聊天，仿佛在梦境之中。小屋的管理者说，他每年夏天在这里打工，工资一天 8000 日元［约合人民币 500 元］，因为周围没什么可消费的地方，一个夏天能攒下不少钱。我一开始还挺羡慕，但看到他的脸被强烈的紫外线晒得黝黑，没几秒就放弃了来和他做同事的念头。聊完后，我们在大通铺上小睡了一会儿，凌晨出发赶往山顶看日出。和中国的名胜景点一样，山顶上自然是人山人海，我们挤到火山口后就匆匆下山，从五合目坐大巴到车站，再换乘回东京市区。整个登山过程我就不多说了。日本有句谚语："富士山爬一次是聪明人，爬两次是笨

炸鸡肉奶酪卷便当，搭配豌豆［水煮］、牛蒡金平［加胡萝卜］和五谷米饭。煮豌豆的时候水里加少许盐和植物油，豌豆冷却后也能保持颜色鲜艳。

蛋。"诚哉斯言。

　　几年前的一个夏天，我带丈夫去日本神奈川县吃海鲜。在偏僻的渔村走了一天，太阳开始西沉，气温却还留有白天的热度。我们到小小的沙滩边游泳，不久出现了两个年轻男子，讲的也是中文，他们也开始游泳。我很好奇地跟他们打招呼，得知对方是在当地打工的中国人，在附近的渔港搬运冷冻的金枪鱼，每天下班后到这里游泳。其中那个性格活泼的光头男子来日本两年多了，另外那个腼腆、身材稍瘦的则是刚刚来日本。我先生问他们，日本最值得去的地方是哪里？光头男子毫不犹豫地说："富士山！那边真不错，风景很好，来日本一定要去一趟。"说完往富士山的方向稍抬下巴示意。我说："哟，你已经去过了啊？"没想到对方顿时有几分害羞，幽默地说："还没呢，我也是听人家说的。"我们都哈哈大笑起来。光头男子接着说："反正回家之前一定会去的。"从这里看到的富士山比在东京看到的更为高大，天空清透，云层反射出红色、蓝色和金色的光，富士山在掩映中显得极为幽美。

　　估计现在那两位年轻人都已经回到家乡了吧。希望那位可爱的光头男子离开日本前如愿爬了富士山，也希望现实中的富士山没有破坏他心中的美好印象。

—— 便当小贴士 ——

饭团和海苔

饭团在日语里叫作"おにぎり"[御握り /onigiri]，也有人称之为"おむすび"[御結び /omusubi]。日本常见的饭团一般捏成三角形，这是为什么呢？

前者"おにぎり"来自"にぎりめし"[握饭]，后者"おむすび"来自"万物产灵[musubi]之神"。在古代，日本人把山神格化，为领受神的力量，人们把米饭捏成山的形状。所以有些人认为"おむすび"捏成三角形方可。

在家里捏饭团，按个人喜好捏成什么形状都可以，我个人捏三角形比较多，只是习惯而已。在日本的便利店，饭团的形状也是以三角形为主，因为同等份量的米饭捏成三角形和圆形，还是三角形看起来更大。另外，运输过程中，三角形的饭团可以上下组合起来放置，最节省空间。

米原万里 * 是我很喜欢的一位作家。她小时候在布拉格的苏联式小学上课，据说这所学校非常国际化，有来自世界各地十几个国家的小朋友。在长达三个月的暑假期间，学校举办夏令营，其中一项活动是大家分别介绍自己国家的传统儿童故事。米原万里讲的是《おむすびころりん》[《饭团滚啊滚》，别称《鼠净土》]：有一天，老爷爷带着饭团上山干活，中午打开布包时，饭团不小心掉了出来，饭团滚呀滚呀，就滚到了小老鼠的洞里……

这是每个日本小朋友都听过的故事，小万里选这篇也不奇怪。可是，在同学们面前讲这个故事时，她却越讲越伤心，想到自己很久没吃过饭团了，甚至还掉了眼泪。小万里那天晚上睡不着，第二天忍不住写信给母亲："下次来夏令营看我的时候，请一定带饭团来吧。"

不知道米原万里后来吃的饭团有没有附海苔，估计大家看到的日本饭团，上面通常都有一片海苔。海苔附在饭团上，很快就吸收了饭团的水分，变得软塌塌的。这样会好吃吗？

有些人觉得这种口感柔软的海苔才美味。米饭上带有海苔的香味和淡淡的印迹，海苔也带有米饭温和的香味，两者融合在一起就是饭团的美味。也有些人认为海苔还是要有那种脆感，需要尽量避免水分。我属于前者，早上做好饭团后会马上把海苔贴上，用保鲜膜一并包起来带走。有个秘诀，做好的饭团放在盘子里散热一会儿，再用海苔包起来，这样海苔就不会吸收太多水分，可以避免中午揭开保鲜膜时，海苔都黏在了保鲜膜上的那种窘境。而若大家喜欢干燥的海苔［就像便利店提供的，饭团和海苔分开的那种］，可以把饭团用保鲜膜包起来，另外带小包装的海苔［如中国品牌"波力海苔"的包装就挺合适］，吃的时候把海苔贴在饭团上即可。

关于海苔大小的说明，请参见"秋日便当"部分的"鲑鱼昆布卷便当"的"便当小贴士"。

Wednesday

鲑
鱼
饭
团
便
当

– 鲑鱼饭团材料

鲑鱼片　白米饭　油菜花　木鱼精［或干贝素］　熟白芝麻　盐　植物油　生抽
鸡蛋［按个人口味］

– 香菇豆皮材料

香菇　豆皮　白糖　生抽　料酒

– 和风魔芋材料

魔芋　生抽　木鱼精　芝麻油

–所需时间........20分钟

–份　　量........1人份

制作步骤

本篇介绍的常备菜较多，油菜花可以冷藏保存一天，鲑鱼肉末、香菇豆皮、和风魔芋保质期大约为3—4天，而红生姜可长达半年。冰箱里有这些常备菜，做便当时可以省下不少时间。

红生姜的做法请参见本篇"便当小贴士"。

1	2
3	3

1. 做鲑鱼肉末

    鲑鱼片［1 片］去皮和小骨头。用小锅［或做玉子烧用的方锅］预热植物油，加鲑鱼后用勺子或筷子慢慢捣成肉末，并加入木鱼精［或干贝素］和生抽［各少许］调味。

2. 烫油菜花［常备菜］

    用锅把水烧开，加盐［少许］和植物油［3—4 滴］后，将洗好的油菜花烫 30 秒。捞出，冷却后切段备用。

3. 做鲑鱼饭团

    盛一碗白米饭，加鲑鱼肉末［1 汤匙］、切碎的油菜花和熟白芝麻，用保鲜膜捏成圆形的饭团。按个人口味可加炒蛋［少许］。

母亲节的「什么都做券」

　　大家小时候都有零用钱吗？我是大概小学二年级开始有了零用钱，每月 250 日元［约合人民币 15 元］。记得当时一根冰棒 50 日元，自动贩卖机的饮料一瓶 100 日元，可见零用钱额度有限。但买书都是父母掏腰包，每天放学回家母亲还会给我准备一份甜点，所以虽然零用钱不多，但只是偶尔和朋友一起吃东西，或从古筝老师家出来后买袋糖果的话，还是够用的。后来到三四年级时我喜欢上少女漫画杂志 Ribon*，一期 380 日元，母亲便把零用钱涨到同等额度，但嘱咐我漫画就我自己买了。于是，我毫不犹豫地把全部零花钱贡献给这本纸张粗糙的杂志了。

　　这么一来，每当遇到什么节日，我的手头就很紧了。比如说母亲节。年幼时头脑简单，拿张纸画上母亲的脸，大剌剌地写上"喜欢妈妈"，再用折纸折一朵康乃馨，就兴冲冲跑去送给妈妈了。但慢慢地，我的自我意识增强了，觉得每年都只画一张脸有点不好意思，想送点像样的东西，却苦于囊中羞涩。

---

* 　*Ribon*［《りぼん》］：日本综合出版社集英社发行量最大的少女漫画月刊，创刊于 1955 年，现售价 550 日元。漫画作家樱桃子的著名作品《樱桃小丸子》就是该刊物的连载漫画。

4. **做香菇豆皮**［常备菜］

　　小锅里放白糖［3 汤匙］、生抽［1 汤匙］和料酒［少许］，开中火加热。调料煮开后放
入切丝的香菇，再次煮开后调小火，放入切成小块的豆皮。等调料充分渗入香菇和豆
皮后关火。

5. **做和风魔芋**［常备菜］

　　魔芋切小块或打结[*]后，用开水烫 1 分钟，去除腥味。小锅内放入魔芋、生抽［1 汤匙］
和木鱼精［半汤匙］，加热 2 分钟，最后加芝麻油［少许］。与汤汁一并冷藏，保存一
天后更入味。

---

*　将魔芋切成 0.5 厘米厚的薄片。用小刀在魔芋切片的中间划个小口，一端穿入后再轻轻拉开。

我的反应一向迟钝，每次都要到了母亲节那一天才回过神来，赶紧跑去和父亲商量，结论是由父亲出钱，我负责跑腿选购康乃馨。我紧紧攥着硬币一路小跑到离家最近的商店街，花店的阿姨早就准备好了各种康乃馨花束，还有适合小朋友抱回家的盆栽小康乃馨。采买完毕后，我像做贼一样悄悄溜回家，先把花儿藏进父亲的书房，然后在自己的小屋里埋头捣鼓起各种"券"来。

我先把纸裁成卡片大小，用铅笔描框，然后写上"捶肩券""洗碗券""擦鞋券"……基本都是平时母亲反复叮嘱我做的家务。最后，还有一张大出血级别的"什么都做券"，顾名思义，妈妈有了这张王牌，让女儿干啥活都行。记得那天是父亲张罗午餐，端上来的是炒面搭配汽水的"男人料理"。全家开动前，我兴奋地捧出康乃馨和券，母亲假装什么都不知道的样子，一脸惊喜地夸奖花苞多、券上画的小动物可爱。

在这里和大家交个底，这类券并非我的发明，全日本的小朋友都知道。曾有百货店的失物招领处收到一张"捶肩券"，消息一经广播，逛商场的父母纷纷拿出钱包确认是不是自己丢的。如今网上甚至有这类券的模板可供打印，但我觉得孩子手写的，父母应该会更喜欢。前阵子 Twitter 上有位小伙子贴出十多年前送给母亲的"什么都做券"，照片下注道："大概是幼儿园的时候我送给母亲的生日礼物，本以为她会让我晒衣服或洗碗，但妈妈在我参加高中篮球大赛的早晨才用。多亏了这张券，让我们的人生有所改变。"

原来小伙子的母亲一直舍不得用这张券，把它搁进家中的"神棚"*。后来小伙子升入高中并参加了篮球队，但不知为何腿容易抽筋，好几场比赛不得不中途退场。母亲希望大赛这天儿子能顺顺利利地完成比赛，于是取出珍藏多年的券，写上"愿你坚持到底"，大赛那天早上郑重地递给他。虽然小伙子那天还是抽筋了，但没有平时严重，最终坚持到了终场，学校球队也取得了史上最好的成绩。

我也想过，自己描画的那些券，妈妈后来都用了吗？记得小时候每到母亲节，我都会迫不及待催母亲"兑换"，她就会不太情愿地取出一张"捶肩券"，享受了一会儿就夸奖道："哎呀真舒服，太好了，感觉松快多了呢。"我就美滋滋地在券上签好名，还给母亲，还不忘提醒"这张不能再用了哦！"。后来呢？我不记得母亲再用过一张。

今年母亲因肺癌转移而住院时，我刚好在日本，得以单独陪她聊天。父亲说："你妈一个人吃得很少，你尽量在饭点时陪着，劝她多吃点。"于是我先算好出门时间，然

---

* 神棚：按日本的神道传统，在家中供奉的神龛，一般设在客厅等平时家人聚在一起的地方。一般奉上三种供品：大米［或刚煮好的米饭］、盐、水，需要每天更换。比较严格的家庭还会奉上清酒和"榊"［sakaki / 红淡比，高 2—10 米的常绿乔木］，每月更换两次。有些家庭把重要的东西都放在神棚里，如孩子的成绩册和奖状，以便向祖先报告后代的近况。

后打开冰箱，把母亲平时爱吃的腌渍生姜和金平*等常备菜装在小塑料盒子里，再急匆匆做好自己的便当，一并装好。

从电车站出来，换乘出租车的话，大约起步价即可到达。但我喜欢步行穿过一座很大的公园，边走边看风景，也用不了二十分钟。和护士说明来意，进入病房前在门口朝双手"呲呲"地喷消毒液，母亲听到这个声音就会自己下床过来打招呼。其实我们聊病情聊得不多，聊得多是最近的相扑赛况、父亲菜园的收成、家附近三家超市哪家的鱼最新鲜，等等。

从走廊传来推车的声音，护士送来了"病院食"†。我也打开布包，拿出自己的便当。"哟，你的这份好看多了。""妈妈你先把医院的东西吃完哦。"母亲推说米饭吃不完，我拿出一路带来的家常菜。"是你做的腌渍生姜？""嗯。用的是去年的梅醋。"

"湿纸巾？饮料？"聊了大约一刻钟，我问有没有东西要跑腿去买，然后从楼下小卖部带回两罐热饮和几本杂志。如果母亲当天不是太累，母女俩会一边喝着罐装咖啡，一边翻翻《生活手帖》。有时候母亲背部酸痛，我也会帮她

---

* 金平［kinpira］：日本家庭的常备菜肴之一。将牛蒡、胡萝卜等蔬菜切丝后烹炒，并用白糖和生抽调味。

† 病院食［byōin shoku］：医院为住院患者提供的餐食，按每位病人的情况提供不同食材和热量的饭菜。一餐价格为 360 日元［约合人民币 23 元］。

某天为母亲带的小菜：煮虾仁、豌豆、香菇、金平、锦丝玉子［蛋皮丝］、腌渍生姜以及加了醋的味噌酱。

揉背捶肩。但或许是手法不佳，也可能是母亲过意不去，总是没按多久母亲就说："好了好了，真舒服，太好了，感觉好些了。"

几天后再去探望，母亲已在病房里的小洗脸池内把塑料盒洗干净，让我带回去。在家中厨房里，我望着小小的塑料盒出神，比起母亲经年累月为我做的种种，自己为她做的实在太少了。至于过去的那些券，按照母亲舍不得扔东西的性格，很可能还保存在家中某处。这十多年我在世界各地游荡着，还算安稳地生活到今天，或许正是靠母亲用券许愿换来的。

— 便当小贴士 —

红生姜的来历和用途

牛丼［牛肉盖浇饭］上的红色腌菜，就是红生姜［beni shōga］，红生姜在中国也很常见。
过去每家都自制梅干的时候，用副产品赤梅醋［请参见"夏日便当"部分的"手作梅干"］
来腌制生姜，生姜染上赤梅醋，颜色自然变红。如今，自制梅干的人没有过去的多，常
备赤梅醋的人也少了，使用现成的红生姜多了起来。在外面吃到的红生姜一般都是加了色
素，才会那么红，超市里红生姜的售价并不贵，一包大约 100 日元［约合人民币 6 元左右］。

红生姜［常备菜］的做法

生姜［约 1 斤］洗净，嫩生姜不用去皮*，沿着生姜的纤维切成 2—3 毫米厚的薄片或
切丝，放入小碗里并加盐［1 汤匙］放一刻钟。随用双手拧出水分，放入保存用容
器里，再加赤梅醋［150 毫升］，腌渍 2—3 小时即可。冷藏可保存约半年。

红生姜的味道偏咸、微酸，具有促进食欲的功效。除了牛丼外，大阪烧、乌冬面、日
式炒面、炒饭、稻荷寿司［豆皮寿司］等比较庶民化的食物，经常会配红生姜。除此
外，红生姜还可以作为一种食材使用，比如做章鱼烧、炒菜等都会加红生姜。

自制梅干时，梅子第一次析出来的水分是梅醋［或称白梅醋］，后来加了红紫苏之后才
会变红［赤梅醋］。白梅醋也可以腌制生姜，把生姜切薄片，白梅醋加白糖后腌制
姜片即可。我们吃寿司的时候，木制拼盘角落处的姜片，也是用同样做法做成的。

---

* 生姜选购：建议尽量选择嫩生姜，若买不到也可以买普通生姜，最好避免用老姜，否则辣味
过浓。

日本最普遍的速食之一"牛丼"，也少不了红生姜。

Thursday

水羊羹

- 水羊羹材料

豆沙　琼脂［粉状和方块皆可］　腌制樱花叶或竹叶［装饰用］

－所需时间........20分钟

－份　　量........2—3人份

制作步骤

琼脂融化在水里后，需要小火沸腾几分钟，方可使其完全溶化。若用方块［非粉末］，则需要提前泡软。

用琼脂可以做透明凉糕，冷却后切成小方块，并加以装饰。琼脂不加糖则易发生离水现象，凝固时会变得白浊，所以需要加少许白糖方可呈透明状。

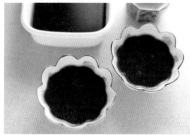

1. 煮琼脂

   琼脂［2 克］洗净，撕成小块并放入大碗，加清水浸泡 1 小时。准备小锅，倒入饮用水［约 300 毫升］和琼脂，开小火煮沸约 5 分钟，确认琼脂完全融化后关火。

2. 加豆沙

   往小锅里倒入豆沙［250 克］，并用木勺搅拌均匀。用慢火煲热稍许，关火。

3. 冷却

   倒入保鲜盒，用冰箱冷却 1 小时后切小块即可享用。或倒入小碗里，冷却后直接用勺子食用，可加腌制樱花叶或竹叶作装饰。

夏日逸品水羊羹

　　好像总有一种食物，小时候不怎么待见，但长大后就会不知不觉喜欢上了。对我来说，这样的美食还不少，纳豆、生鱼片、奶酪、蔬菜，还有豆沙，均在此列。

　　和中国一样，在日本大家也爱吃豆沙。红豆汤、豆沙包、面包、冰沙、铜锣烧……这些大众人气产品都少不了豆沙。不过，记得很小的时候，豆沙里的淀粉和砂糖会让我吃一口就饱，以至于常常吃剩下。而出生于二战后不久的父亲，幼时家境不佳，自然没什么机会吃到甜品。看到我吃剩的豆沙，他照例会说"Mottainai！"["可惜了！"]，然后通通接过去。母亲一边担心父亲的体形，一边数落我："太不爱惜了，才吃一口就不要了！"

　　还记得小时候每逢暑假，家里就会收到一堆"御中元"[Ochūgen]。古人把农历年一分为二，居中的7月15日被称作"中元"。此时又恰逢佛教盂兰盆节，大家在供奉祖先、庆祝平安度过上半年的同时，也会向给予自己关照的人表达谢意。日本人把这个习俗，以及收到和送出的礼物就称为"御中元"。

御中元用水羊羹

那么到了中元节，日本人一般送什么样的礼物呢？若你六七月份去日本的超市或百货公司转转，就可以看到御中元专区人头攒动。其中超市销售的御中元礼盒一般以实惠的日常用品为主，比如生抽、色拉油、海苔、洗衣粉等等，还会有一些当地特产的甜品和腌菜，大体上都是能长期保存、方便运输、装在盒子里比较体面［不会太小］的东西。而在百货公司里，御中元的种类会更丰富，比如日本国产的老字号毛巾、精油肥皂、五星级酒店厨师监制的果酱、咖啡、高级水果［如一个 8000 日元，约合人民币 500 元的甜瓜］。也有人实惠优先，干脆直接送百货公司的购物券。

儿时，父亲在公司的级别不算特别高，收到的御中元基本徘徊在超市和百货公司的产品之间。记得收到最多的是曲奇等西式点心和罐装的水羊羹，这应该是大家考虑到保质期和我家成员结构［有两个小孩，我和妹妹］的结果吧。西式点心我和妹妹没花几天就争着吃完了，至于水羊羹嘛，总会在冰箱里待上好长一段时间。

先向大家简单介绍一下水羊羹到底是一种什么食物。顾名思义，水羊羹是一种水分较多的甜品，味道近似羊羹，但更像豆沙和凉粉的组合。羊羹大致有三种做法：一是水羊羹；二是"蒸羊羹"，豆沙里加些面粉和淀粉后上蒸笼蒸

"笹舟"羊羹。用细竹叶做成小舟，泛舟游玩是过去夏日常见的情景。竹叶小舟［笹舟］里装着羊羹、白玉［糯米团］和求肥［糯米粉、淀粉和白糖制成的甜品］。

制；然后还有"练羊羹"，将豆沙和"寒天"*混合制成。水羊羹的做法和练羊羹相近，用小锅加热琼脂，充分融化后倒入豆沙，搅拌后冷却即可。区别在于水羊羹因水分更多而口感更显滑嫩清爽，适合在炎热的夏季享用。

冰箱里的水羊羹，父亲偶尔拿一些出来当餐后点心，母亲也会陪他吃几口。但因为数量实在有点多，那些扁扁的圆筒罐头往往要到暑假快结束时才能见底。若下午想吃甜点，冰箱里没有西瓜、冰激凌或汽水的时候，我才会很不情愿地打开罐子，倒出一点水羊羹在玻璃小碗里。小时候，母亲不让我们用空调，我就在弥漫着金鸟牌蚊香味的客厅里坐下来，用小勺子吃上几口水羊羹。吃到一半时，妹妹正好午睡醒来还迷迷糊糊的，我就会塞给她吃。这不是身为姐姐的慷慨，只是自己吃腻了而已。

人在海外，对故乡的食物有种特别的感情。在马尼拉当记者期间，我和周围的日本同事们都陷入一种乡愁情绪。坐在我旁边的 T 君是位体形略胖、言谈诙谐且脑子动得极快的小伙子。斜对面的 N 君则刚好相反，体形瘦高，脸上总带着微笑，但话不多。大家忙完当天的稿子，就开始聊"回日本要先吃什么"的话题：自家的味噌汤和白米饭、哪家的拉面、哪家的蛋糕……三个人聊得不亦乐乎，对面的

---

* 寒天［kanten］：即琼脂，从海藻类植物提取的胶质。与果冻用的明胶或鱼胶粉不同，琼脂的融化点更高，凝固后在常温下不会融化，口感也更脆。

总编也忍不住插嘴道："味噌汤还是用麦味噌*才对啊。"只是这种话题越聊越呈现出"画饼充饥"状态，热议一番后，我们终究醒悟过来，这才转身面向电脑继续改稿。

所以当东京本社的上司来马尼拉慰问［监督］，并带上一箱水羊羹当作"手土产"†时，我们开心极了。上司特别解说道："菲律宾嘛，属于热带，一整年都是夏天。那么应该带点日本的夏天点心来对不对？"的确，虽然马尼拉当地的甜品种类丰富，且菲律宾人是绝对的"甘党"［喜欢甜品的人］，哈啰哈啰刨冰［halo-halo］、水牛奶软糖［pastillas de leche］、竹筒紫米糕［puto bumbong］、焦糖布丁［leche flan］，简直让人挑花眼。但遗憾的是，由于两国对"甜食"的理解不尽相同，外派到此的日本员工很难找到恰到好处的口味。大家与本社上司吃完午餐后，赶紧回到办公室瓜分了箱子里的水羊羹，兴冲冲地打开罐头，放在小碟子上，一口一口地享用故乡的滋味。

过去总觉得水羊羹味道无聊，嫌豆沙的口味太单一。但就是这份纯粹，让身在海外的我们感受到独特的魅力。罐头水羊羹没有日本和菓子店里卖的那种完美的四方形形

---

* 麦味噌［mugi miso］：味噌以黄豆为主原料，再加上盐、米曲、麦曲或豆曲等不同的种曲发酵而成。米曲制成的味噌称为"米味噌"，麦曲制成的则是"麦味噌"。麦味噌主要产自九州地区［日本西南部］，味道比较甜。文中的主编是九州男子，故习惯喝用麦味噌做的味噌汤，而东京长大的我则习惯口味偏咸的米味噌。

† 手土产［temiyage］：即伴手礼，拜访时随身带去的礼物。

状，办公室里的餐具也有限，我们就用普通的小碟子和咖啡勺，取一小块搁进嘴里。红豆的味道在口中慢慢释放、渗入味蕾时，童年夏日里蝉鸣和金鸟牌蚊香的气息似乎也回到了身边。在旧式空调嗡嗡作响的办公室里，把四张桌子拼在一起组成的编辑部，一下子就安静下来了。

如今回到了日本，在水羊羹当季的日子，我偶尔会去和菓子店买上几份水羊羹。为了不弄坏边缘切得周正的四方形，我一路上都得小心翼翼的。到家后，配上一杯新沏的好茶，在桌前坐定。摆放在深绿色的腌制樱花叶上的水羊羹，切面带有山水画般的晕染色泽，让人看了神清气爽。拿起小小的竹签切下一小块水羊羹细细品尝，很奇怪，此刻我想起的已不是童年的夏日，而是旧式空调发出的嗡嗡声，还有很多年前在异国首都的一角，大家互相支持、共同挨骂，每天一起做一份小刊物的日子。

— 便当小贴士 —

寒天与和菓子

用来做凉糕的寒天和吉利丁 * 不同，是从红藻类"天草"[tengusa，又称"石花菜"]中提取的凝固剂，在日本用来做点心、凉拌菜和汤，是普通超市里的常售材料，有条状["角寒天"]和粉末状。4 克粉末状寒天的凝固力相当于一条角寒天[约 8 克]，可以凝固 450—600 毫升的水。另外，在日本，用寒天做出来的凝固物也叫作"寒天"，比如"牛奶寒天""水果寒天"[用罐头水果和寒天做的果冻]等。

寒天在日本是有名的减肥产品，主要成分为海藻胶的寒天热量接近零，富含膳食纤维。煮米饭的时候放少量寒天粉末一起煮食[两者比例为大米 150 克，粉末寒天 1 克或 1/6 的角寒天]，有助于降低血糖、增加饱腹感、通便。有些人喝热咖啡时加少许粉末寒天，也有同样的效果。

不过在日本，寒天还是在和菓子的世界更为常见。本篇介绍的水羊羹即有代表性的寒天食物之一，还有"梅子寒天"[用青梅糖浆和寒天做的果冻]、"馅蜜"[anmitsu，将方块状的透明寒天、豆沙、各式水果和白玉团子装盛于器皿中，并淋上黑糖蜜而成]，等等。

日本庶民的传统点心"金锷" † 也是用寒天做的甜品，将红豆馅用寒天凝固，然后裹上薄薄的一层面浆再煎熟表皮制成。宫本辉的《泥河》中，主人公少年信雄的父亲，经营柳食堂的同时销售自制金锷赚点额外收入。夏目漱石的《少爷》中也说及这种点心：主人公的母亲死后，阿清婆更加疼爱他，经常自掏腰包买金锷烧或红梅烧 ‡ 给他吃。

---

* 吉利丁[英文：gelatin，别称明胶片、鱼胶粉]：从牛、鱼、猪的骨头、皮肤和筋腱提炼的动物性蛋白质胶体，口感滑嫩，有适度的弹性和黏性，用于制作果冻、慕斯蛋糕、棉花糖等。吉利丁的溶解温度约 60℃以上，凝固温度是 20℃以下，常温下不易凝固。

† 金锷[kintsuba]：过去的金锷形状是圆形，外观像剑锷[剑身与护手间的金属片]而得名，到明治时代演变为方形。

‡ 红梅烧[kōbai-yaki]：用面粉和白糖做的一种饼干，因用梅花等模型制成而得名。

不管是金锷、铜锣烧、水羊羹等庶民点心，还是深受人们青睐的"上生菓子"*，一般保质期都不长，有的也不方便携带，如果大家在日本看到，还是就地享用比较合适。在小店买一个150日元的铜锣烧放在口袋里，路上经过便利店时买一杯100日元的热咖啡，走到附近小公园里看看花，对我来说也是品尝和菓子的一种方式。

夏日和菓子：花馒头、若鲇、瓢箪

---

* 　上生菓子［jyōnamagashi］：和菓子按水分含量分为三类：生菓子、半生菓子和干菓子，而其中外观精致、具有艺术性的点心称为"上生菓子"。它能够细腻地体现出每个季节的韵味，在茶道聚会和其他正式场合使用居多。以白豆沙和糯米粉为材料的"练切"［nerikiri］是最有代表性的上生菓子。

Friday

日
式
炒
面

– 日式炒面材料

乌冬面［真空包装］　五花肉［薄片］　卷心菜　柴鱼片　沙司酱［可用蚝油代替］　植物油　胡椒粉［按个人口味］　海苔丝［按个人口味］

– 一夜渍材料

黄瓜　卷心菜　芜菁　红辣椒　盐

– 藜麦沙拉材料

藜麦　胡萝卜　盐　橄榄油　米醋

–所需时间........30分钟

–份　　量........2人份

制作步骤

日式炒面用的碱水面条在北京不易买到，可改用真空包装的乌冬面。味道比较接近，而且做法更为简单。

藜麦*在国内普通超市相对少见，可在进口食品店购入。煮好的藜麦可冷藏保存 2—3 天，可煮多一些，做沙拉、凉拌菜和意大利面时适量拌入，健康又美味。

1. **切菜**

   卷心菜［4—5 片］洗净，切小块。五花肉片［150 克］切小块备用。

2. **准备面条**

   用小锅煮开水，将乌冬面［2 袋］放入滚水里。加热 30 秒后捞起沥干水分备用。

---

* 藜麦［英文:quinoa］:别称奎奴亚藜、金谷子等。生长于南美洲，形貌与小米相似，营养价值高。碳水化合物含量低、热量低，含有丰富的纤维、蛋白质、B 族维生素和铁、磷、锌、镁等矿物质。

大叔！炒面一份！

　　说起村上春树的小说，我就会想到"做菜的男人"这个词，他作品里的男主人公会做菜已成一种标配。他几年前出的《刺杀骑士团长》，我个人认为是一个关于"创作"的故事，透过本书了解到村上先生对于创作的心得，感到很新鲜。不过当读到主人公开始做"培根芦笋奶油蛋酱意面"这款经典的"村上式男人料理"时，感觉像见到了熟悉的朋友一样。"村上的小说里，男人总是在煮意大利面"，这几乎是读者之间的共识。我甚至怀疑过，村上先生也许知道，所以故意又让主人公做意大利面，作为和读者的一种交流。

　　不过男人做菜这件事，在日本也并不纯属虚构。据统计，从上世纪90年代到现在21世纪初，日本男性自己会做的菜肴种类增加了不少。茶碗蒸、煮鱼、土豆炖肉、炸鸡块、炸猪排、天妇罗、味噌汤、寿喜锅、大阪烧、奶汁烤菜、玉子烧、汉堡肉、意大利面、咖喱饭、蔬菜沙拉、炒饭、炒面、白米饭、烤吐司、方便面［袋装］这二十种"菜肴"中，会做的人比率从52%增加到66%，尤其是自己做意大利面［从42%增到65%］和咖喱饭［从58%增到74%］

3. 炒肉、炒面

　　开中火预热平底锅，放入植物油［半汤匙］和五花肉片，炒 1 分钟后放入卷心菜，烧至八成熟。下乌冬面略炒一下，淋入沙司酱或蚝油［适量］，翻炒均匀即可出锅。

4. 调味

　　炒面装盘后撒上柴鱼片［3—5 克］，按个人口味撒胡椒粉和海苔丝等调味。

的增幅较大。

反观，会做上述前面八九种日式料理的男性并不多，不管是上世纪还是 21 世纪，平均起来比率低于 50%，但二十多岁的男性中，会做的人的比率有增加趋势。他们是如何学会做菜的？这主要与母亲和学校的家庭科有关，1994 年起家庭科在日本高中成为必修课。而六十多岁的男性中，"向妻子请教"的比率达到 35%，想象一下退休后在家开始自己做菜的日本男子的身影，又可笑又可爱。

小时候，家里有几道菜母亲绝不染指，全程都交给父亲，其中之一便是炒面。日式炒面做起来并不复杂，油水足，香味甚至在百米开外都能闻到，外加炒面的动作也很帅气利落，称得上是当之无愧的"男人料理"。在日本，炒面现身的标准场合是节庆时的神社附近，不管是夏日盂兰盆节还是春天夜樱节，只要人多热闹，就会有人支起摊子，摆上一大块铁板做炒面。只见大叔闷头用铁铲子翻炒面条，看到客人走近就抬起头大声吆喝道："保证好吃！来一份吧！"

父亲就很喜欢吃这种炒面。前两年夏天回国之际，我与父亲一起到邻近的神社参加夏日祭。母亲没有来。她在历史悠久的海港城市长大，小时候经历过的夏日祭规模巨大、极为热闹，又有地方色彩，对她来说夏日祭要到那种程度才对。现在住所附近的神社办的祭祀，规模小得像是"过家家"。但这个"过家家"也办得相当周到，平时车来

5. 做一夜渍［常备菜］

把黄瓜、芜菁和卷心菜洗净，沥干水分。黄瓜和芜菁切 1—2 毫米厚的薄片，卷心菜
切成 3 厘米左右的小方片。把蔬菜放入大碗里，加盐［约为蔬菜重量的 2%］用手搓 20
秒。把碗里的全部蔬菜放入食品袋，加红辣椒［2 个］，把袋子里的空气挤出后扎紧，
放入冰箱 3—4 个小时。可保存两天，开袋即食。

6. 做藜麦沙拉［常备菜］

藜麦［50 克］用凉水淘洗后，放进锅中加饮用水，开中火，煮开后调小火，继续加热
10—15 分钟，直到藜麦变半透明状。倒掉剩下的水，煮好的藜麦搁在小碗里备用。胡
萝卜［1 根］切丝拌入，再加入橄榄油［2—3 汤匙］与盐和米醋［各少许］即可。

摄于茨城县郊区，附近居民穿着浴衣跳盂兰盆会舞。

车往的街道，那天晚上因交通管制而变得人山人海。我和父亲特意不吃晚餐就出门，一路上都在讨论该吃些什么，父亲一边确认钱包里的零钱一边强调："不能错过炒面啊。"还没走到神社，一路上就有几十个小吃摊：章鱼烧、热狗、大阪烧、刨冰、巧克力香蕉……当然，少不了各种炒面。由于每家炒面摊的风格略有不同，父亲货比三家后，才选中了一家。父亲吃完笑眯眯地告诉我，别家炒面都是一盒600日元［约合人民币37元］，而那家只需500日元，上面还加了一个荷包蛋。不过男人就是比较粗心吧，炒面标配的猪肉不见踪影，我猜这就是100日元的差价所在。

看着父亲孩童一般的笑容，我不禁想起多年前的场景。父亲不但喜欢吃炒面，还当过我们家的"炒面师傅"。在我小时候，父亲工作繁忙，经常去国外出差，回家吃晚餐的次数也不多。很多个周末，我是和母亲［后来还有妹妹］一起过的，全家难得有聚餐的机会。所以父亲偶尔周末在家时，他会负责午餐或晚餐，作为"家庭服务"。记得父亲做的菜肴都比较简单，比如日式炒饭、拉面、烤肉、炒面，还有从美国学来的培根荷包蛋等。父亲做菜快、香味足、热量高，深得"男人料理"的精髓。

父亲做日式炒面，一般是在我们吃完他做的大阪烧之后。做大阪烧需要用到铁板，而铁板的大小刚好适合做炒面。我和妹妹虽然已经装了一肚子的大阪烧，但看到父亲从冰箱里拿出两袋碱水细面，还是会用期待的眼神等他做炒面。材料是猪肉片、卷心菜和沙司酱，刚好和大阪烧所需材料相同。面条翻炒完毕后浇上沙司酱，在铁板上沸腾、略焦，继而散发出极为诱人的香味。

日式炒面简单易做，但世上还有更简单的炒面，就是桶装干拌面。它的制作过程与中国的干拌面接近 —— 往面桶里加开水，待油炸方便面泡软后把水倒掉，加入调料，搅拌而成。过程与村上春树的主人公在厨房里做意大利面颇有距离。好玩的是，前一阵子日本网络上流行起用"村上春树体"来解释桶装干拌面的做法：

［1］面对你正要做桶装干拌面的这个事实，我并没有特别的兴趣，也并不拥有发言权。

［2］随便拿出液体调味酱包和调料粉吧，往容器内加

开水等三分钟即可。这段时间里做些什么，完全由你决定。

　　[3]若有读到一半的书，你可以打开接着读。或者听一听刚买的黑胶唱片也不错。

　　[4]对了，有件事情还是要跟你说一声。

　　[5]倒掉桶里的水，这个步骤怎么做都不会让你满意。就跟没有"完美的绝望"一样的道理。

　　好像还是不太对，尤其经过本人的拙笔翻译，整个感觉有点"中二病"。总之，做炒面还是得让像我父亲那样略微发福、头顶稍微"少"了点什么的欧吉桑急吼吼但又大大方方地"炒"出来，才有本格之感啊。

— 便当小贴士 —
日本夏日祭"屋台"的十大小吃

我至今还记得去成都留学第一天的感受。从机场到达四川大学所在的九眼桥时，已是傍晚。学校附近摆出来很多小吃摊，气氛好不热闹。校园的风景、人们的表情，都加深着我的预感：我一定会喜欢这座城市。

在日本也可以看到卖小吃的"屋台"［yatai，摊子］，但时间和地点都比较固定，最有人气的是夏天的盂兰盆节、烟火祭，以及元旦放假期间的各地神社、寺庙附近。

下面简单介绍一下日本夏日祭的小吃，有的与中国小吃相仿，有的则多了沙司酱和红生姜。换句话说，感觉有这两员"大将"辅佐，做出日本"屋台"式的小吃也不难。

炒面［焼きそば］：如前文介绍，炒面的亮点是最后淋上沙司酱的瞬间散发出的诱人香气。炒面一般会配上红生姜。

章鱼烧［たこ焼き］：这是在北京前门、南锣鼓巷都能见到的日式小吃，所以我不再赘言。但感觉现在卖的章鱼烧，丸子越来越大，有的还加了芝士等。经典版本则比较小，丸子可以一口吃掉。材料一定要有卷心菜、章鱼、面浆、面酥［天かす，做天妇罗时捞起来的炸过的面衣碎］和红生姜。

乌贼烧［いか焼き］：又一款香气诱人的小吃。站着或坐在旁边的石头上当场吃掉，才算内行。拿到家里乖乖坐下来吃，就觉得没那么好吃了。

烤玉米［焼きとうもろこし］：紧接着炒面和乌贼烧，排名第三的最能用香气来诱惑人类的食物，生抽和黄油混搭烤制的焦香味确实不错。之前读渡边淳一的一篇随笔，他说有一次在北海道［日本著名玉米产地］吃过一根非常美味的烤玉米。推荐去北海道旅行的朋友试一试。

大阪烧 / 御好烧［お好み焼き］：材料与章鱼烧差不多 ——卷心菜、肉片、面浆，然后撒上柴鱼片、青海苔［あおのり］和沙司酱，最后添上少许红生姜。

烤鸡肉串［焼き鳥］：冰啤酒的最佳拍档。据说，啤酒、烤鸡肉串、毛豆，这三者是一般日本家庭中的父亲们参加祭典活动的唯一动力。

棉花糖［わたあめ］：北京四月漫天飞舞的柳絮，总让我想起小时候吃的棉花糖。这种棉絮状的零食和中国小朋友吃的一样，夏日祭的角落里，大叔把砂糖灌进棉花糖制作机，砂糖变成长长的丝状，大叔用木制筷子绕成一团后拿给你，味道单纯，正如儿时的记忆。

巧克力香蕉［チョコバナナ］：巧克力和香蕉是黄金搭配。插在一次性筷子上的香蕉，沾一层巧克力就身价倍增，这就是夏日祭的魔法。

奶油薄饼 / 可丽饼［クレープ］：这不是传统甜品，但已经是日本祭典小吃摊上的必备品种了。奶油薄饼的定番是香蕉，大量的奶油中加两三片香蕉切片，卷起来，上面撒少许巧克力碎，便是我小时候的最爱。热量应该是极高，算了，别多想了，反正一年只吃一两次。

热狗［ホットドッグ］：市面上热狗有两种，一种是把香肠夹在面包里，另外一种是将香肠裹上面浆［小麦粉、白糖、鸡蛋混合调制］后炸制而成。日本小吃摊卖的热狗多属于后者，又称"アメリカンドッグ"［英文：American dog，美式热狗］，一般浇上番茄酱和黄芥末吃。

Saturday

干
咖
喱
便
当

– 干咖喱材料

肉馅［鸡肉、牛肉和猪肉皆可］　洋葱　青椒　番茄酱　咖喱粉　盐　葡萄干［按个人口味］
玉米［按个人口味］　植物油

– 腌制鸡蛋材料

鸡蛋　米醋　生抽

—所需时间........30分钟

—份　　量........2人份

制作步骤

据说日本人第一次见到咖喱是在19世纪江户时代后期，之后百余年里咖喱在日本不断地被本土化，干咖喱［dry curry］也是其中一例，样子有点像印度料理"肉末咖喱"［keema curry］。日式干咖喱比印度版本"干"许多，也就是将汤汁较少的咖喱酱料铺在白米饭上。据说发明者为明治时代日本邮船"三岛丸"号的船长，当时船上的餐厅菜单中就有干咖喱。

日式咖喱一般会附上"福神渍"，详细介绍与做法请参见本篇"便当小贴士"。

1	2
3	4

1. 准备腌制玉子

   做水煮蛋［2—3个］，剥壳之后放入食品袋，再加米醋［4汤匙］和生抽［2汤匙］。在冰箱里可以保存一天。

2. 炒洋葱和肉末

   将洋葱［半个］切碎，开中火预热平底锅，放入植物油［半汤匙］后，先炒洋葱末，待锅中洋葱末的体积减去一半后，再加入肉馅［200克］。

3. 加调料

   肉馅熟透后，加咖喱粉［1—2汤匙］和番茄酱［2汤匙］，搅拌后盖上盖子，用小火煮10分钟，用盐调味。

4. 加青椒

   青椒［2个］切小块，最后倒入，并加热5分钟。按个人喜好加葡萄干或玉米。

「给食」圆舞曲

　　从初中到高中的六年，那段时间里几乎每天中午都吃母亲做的便当。此前的幼儿园和小学阶段，中午一般都吃"给食"［kyūsyoku，学校统一供应的午餐］。在幼儿园吃的给食是一份一份的便当，只有周三让大家从家里带*，其他时候都由园方提供。中午时间一到，老师拿来塑料大箱子，里面装着一盒盒的午餐，有时是热的，有时是常温的。我小时候比较挑食，不太习惯吃这些外包的便当，总觉得不够香。但老师教育每个小朋友要爱惜粮食，餐后把空便当盒拿到老师面前，就会得到一枚小小的贴纸作为奖励，可以把它贴在"连络帐"†后面，回家后家长就知道孩子吃了午餐。

　　升入小学，我背起全新的双肩背书包，心里充满对新生活的期待。慢慢地，我习惯了早上查看当天的给食菜单。

---

*　不少幼儿园鼓励家长为小朋友做便当，把固定的时间［每月一次或每周一次］作为"便当日"。这是出于多种原因考虑：让小朋友感觉到家人的关心；换一种气氛让孩子们开心；一种"食育"［shokuiku，食物教育］的方式，目的是让小朋友知道便当是怎么做出来的。

†　连络帐［renrakuchō］：用于幼儿园老师与家长联络的通讯录。孩子白天在幼儿园过得怎么样、与朋友们玩什么游戏、今天做得好的一件事等，每天孩子被家长接走之前，老师把这些内容用两三行字写在小本子上，放在孩子的小包里。家长也会把孩子的相关事宜写在本子上，与老师沟通。

每月初校方会发一张当月给食菜单，主要是让家长明了孩子在学校会吃什么，以便晚餐与给食不重样。菜肴不一定每餐都是日本料理，也有大家喜爱的咖喱饭、意大利番茄肉酱面、不太辣的麻婆豆腐和韩式拌饭等，这些食物都颇受欢迎。

另外，学校比较重视使用当季食材：春天的各种叶菜、夏日的餐后水果、秋日的菌菇类、冬日的根菜类等，让孩子们慢慢了解到食物与季节之间的关联。不知道是什么原因，给食的菜肴有独特的滋味，在家里怎么也做不出来。人气超旺的油炸面包［把餐包油炸后裹上甜味黄豆粉］、干咖喱饭［水分极少的咖喱饭，一般用肉末与蔬菜制成］、裙带菜拌饭等等，一直到现在都让我非常怀念。

据统计，给食的材料成本并不高，每餐约合人民币 15 元*，但它对日本小孩的教育意义却不小。到午餐时段，等同学们都拿到给食后，就一声接一声喊"いただきます！"†，开动起来。我们并不是每道菜肴都喜欢，还有同学挑食，但班主任不时提醒我们："这是给食欧巴桑［给食阿姨］们辛苦做出来的，同学们要尽量都吃完。"简单算一下，小学一年有 190 次给食，六年下来就超过 1000 次。在小学吃

---

* 据日本文部科学省 2018 年统计，日本公立学校平均每月给食费为 4343 日元。该年度一共有 191 次给食。

† いただきます[Itadakimasu]：日语里开始吃饭之前说的话，通常被翻译为"我开动了"，原意为"我从您那里领受［生命］了"。

了这么多给食，多多少少形成了自己的饮食标准，比如吃午餐大概吃到什么程度才是"足够"，大概什么样的口味才是"标准"。日本给食的味道偏清淡，估计拿到中国未必能得到大家的青睐，也许我们彼此口味上的差异，是从给食开始的。

一年级新生小朋友还没进入状态，所以在短暂的早读时段，六年级的哥哥姐姐们会到一年级每间教室里给我们念儿童故事。午餐时段，他们会提前跑去教室外的"给食角落"*，搬来装有给食与餐具的饭桶等大容器：主食、主菜、凉菜、餐后水果、瓶装牛奶，还有全班同学用的筷子、勺子、小碗、盘子、托盘。

后来我到六年级的时候，帮一年级的学生运送过几次饭菜，当踏进一年级小朋友的教室的瞬间，他们异口同声地喊道："来了，六年级的姐姐来了！"心里既感动又紧张。给我印象更为深刻的是，小时候觉得特别沉的给食容器，六年级的自己帮忙搬运时觉得好轻松，给他们配膳的时候也惊觉，原来一年级学生吃的份量比六年级的少很多，这些都证明了自己不知不觉间长大了许多。

---

* 学校建筑每层走廊的一端设有的角落，在一楼"给食室"［学校调理师做给食的厨房］做好的菜肴以及其他餐具，用迷你电动货梯运到每层的"给食角落"，让各班的同学取走。给食风景的细节依每所学校有所不同，本篇介绍的内容来自本人在东京都八王子市公立小学的经历。

再后来，毕业生要离校的三月末，我们吃了最后一次小学给食。当月的给食菜单上也特意写道"恭喜六年级的同学毕业"，让我有些伤感。记得那天我们用特别大的声音说"いただきます"和"ごちそうさまでした"*，菜肴也吃得格外用心，开开心心地吞下我们喜爱的黑糖味纺锤面包［剩下的一两块备用面包，我们用"剪刀石头布"来分配］，连牛奶也喝得干干净净。

当新生大概明白流程后，也要开始为同学们配膳。班级里五六个小朋友每周轮流，负责把给食分配给同学们。同学们端着托盘和空碗，排队到穿白大褂、戴白帽子的值班同学面前，值班人把菜肴分配给同学们。其实这个任务需要相当的技术。若目测有误，到后面菜肴会剩太多；更糟的情况是后面的同学分不到某个菜，只能请好心的同学分享。

我们吃给食的时候，班主任也在前面的桌子上吃和我们一样的食物，只是他吃得比我们多，也吃得快，吃完了就跟我们聊聊天。除了爱说话、活泼的孩子外，老师还会注意到举止安静的同学，并把他"捧"出来："你们看，小松同学拿筷子的姿势很标准。小松君，你给他们看看筷子是怎么拿的，好不好？"也会鼓励胃口小的同学："吃不下

---

* ごちそうさまでした［Gochisousama deshita］：日语里吃完饭离开餐桌前说的话，通常被翻译为"我吃饱了"，原意为"您［烹饪者］为我做这份料理奔波辛苦了"。

土豆啦？但给食是考虑好营养分配的，土豆你再努力吃一半好不好？"除了父母外，很少有人会直接提醒你应该怎么拿筷子、不要挑食，因此我们从给食时间里学到的东西还蛮珍贵的。

吃完午餐，我们放下筷子一起高喊"ごちそうさまでした！"，值班同学先负责收碗，把大家的餐具一并拿到走廊尽头的给食角落。接下来是打扫卫生的时间，先要把所有的桌子和椅子都拖到后面，然后用扫把扫地，再用抹布擦地。抹布有两种：水拭抹布和干拭抹布，每个小朋友学期开始前都要准备。先弄湿水拭抹布擦地，接着用干拭抹布再擦一遍。教室前面弄干净后，再把桌子和椅子都搬到前面，把教室后面清扫干净。

我们所在的小学给食时段一般不播放音乐，好让孩子们边聊边吃。而从午餐结束到打扫卫生的二十分钟里，学校播放室会播放肖邦的音乐，六年未变。至今，我在家里打扫卫生的时候，也偶尔会放肖邦的《小狗圆舞曲》《华丽大圆舞曲》等，简直是巴甫洛夫式的条件反射，一听就启动打扫模式。

— 便当小贴士 —

咖喱与福神渍

日本人接触咖喱的历史比较悠久，19 世纪福泽谕吉编撰的辞典《增订华英通语》中就有"curry"这一词条。之后，首任札幌农学校校长的威廉·史密斯·克拉克博士为了改善在校学生的营养状况而推行西餐，并制定校规："学生除了'カレーライス'[咖喱饭]外，禁止吃米饭"。此后咖喱饭慢慢有了知名度，与牛排、猪排等"洋食"一并普及到日本各地的餐厅里。

咖喱在日本的历史值得仔细研究，但限于篇幅，在此不多展开。这里我想先介绍一下日式咖喱中的红色腌渍食品"福神渍"[fukujinzuke]。

甜中带酸的福神渍是日式咖喱中不可或缺的存在。人们第一次吃到福神渍是在 19 世纪，它是位于江户[现在的东京]的老铺"酒悦"*开发出来的渍物，用白萝卜、茄子、莲藕等七种材料制作而成。东京谷中一带有祭"七福神"†的各个神社和寺庙，而当时酒悦所在的上野地区就有祭辩财天的"不忍池辩天堂"，故得名"福神渍"。另外有个说法是，只要有美味的福神渍配米饭，就觉得不需要其他菜看了，可节省不少伙食费，感觉家里来了"福神"一般。在当时的日本，渍物以盐渍为主，用生抽与味醂‡调味的福神渍自然风靡一时，迅速普及到日本各地。后来在大正时代，日本邮船的欧洲航路客船在提供咖喱饭时[当时咖喱饭还算高级洋食]会附上福神渍，"咖喱饭 + 福神渍"的黄金搭配§从此确定。

---

* 酒悦[shuetu]：延宝三年[1675 年]创业的海产物老铺。福神渍是由第十五代店主野田清右卫门发明的。该店至今仍在销售福神渍，100 克小瓶装售价 324 日元[约合人民币 20 元]。
† 七福神[shichi-fuku-jin]：起源于佛教"七难即灭、七福即生"之观念的七位神仙，指大黑天、惠比寿、毗沙门天、辩财天、福禄寿、寿老人、布袋和尚。以东京为中心，日本各地都有祭七福神的地方。
‡ 味醂[mirin]：糯米与烧酒混合酿制的一种酒，口味较甜，酒精度约有 14%。味醂常被用作调料，味醂中的酒精与糖类有助于增添食物色泽，保持食材形状完整。
§ 印度咖喱用名为"chutney"的蘸料搭配，口味偏甜、微酸。据说当时因它的味道不符合日本人的口味，故日本邮船上的厨师以口味较相似的福神渍来代替。

福神渍不仅能当咖喱配料，还可以和炒饭、炒面、蛋包饭等搭配，放进便当盒的一角也很合适，甚至可以当作喝茶时的零食。材料不一定要全部七种，用白萝卜、黄瓜、莲藕、生姜等中国常见的蔬菜就可以做。我外婆做煮物时，常把土豆、胡萝卜等小块"面取"*，切下的边角料搁在小碗里，白天晒晒太阳，积累到一定的量就做成福神渍，是非常实惠的美味。做好的福神渍可冷藏保存约一周。

---

*　面取［mentori］：即刮圆、切圆角，日本料理的一种烹饪技法。块茎切块煮的时候切圆角，一是为了增加食材的块面，使之更容易入味，二是锅中食材碰撞时，锐角容易塌陷，稍微刮圆后便于保持美观。

福神渍做法［家庭实惠篇］

– 材料

蔬菜［白萝卜、胡萝卜、莲藕、香菇等］　生姜丝　生抽　白糖　白醋　盐　白芝麻

干辣椒　味酥［按个人口味］

| 1 | 2 |
| 3 | |

–所需时间........50分钟

–份　　量........1小瓶［约200毫升］

制作步骤

1. **切蔬菜**

   做其他菜肴的时候，收集蔬菜边角料［共 250 克左右］，搁在笊篱里，晒上几个小时。或者把蔬菜切薄片，直接烹饪也可以。一小块生姜切丝备用。

2. **调味**

   小锅里加入生抽［3 汤匙］、白糖［3 汤匙］、白醋［半汤匙］和盐［少许］，按个人口味加味醂［半汤匙］，开小火。煮开后放入蔬菜边角料、生姜丝、白芝麻和干辣椒，加热 1 分钟后关火，放凉。

3. **保存**

   放入保鲜盒里，可冷藏保存约一周。

秋

四季便当 II
| a u t u m n |

Monday

烤
秋
刀
鱼
寿
司
便
当

– 烤秋刀鱼寿司材料

秋刀鱼［可用青花鱼代替］　白米饭　海苔　熟白芝麻　青紫苏　白醋　白糖　盐
生姜［按个人口味］　柠檬［按个人口味］

– 腌渍生姜材料

嫩生姜　白糖　米醋　盐　昆布［或木鱼精］

– 玉子烧材料

鸡蛋　白糖　盐　植物油

–所需时间........50分钟

–份　　量........2人份

制作步骤

玉子烧材料和做法请参见"春日便当"部分的"玉子烧便当"。

1. 做寿司饭

   将白醋［3汤匙］、白糖［1汤匙］和盐［少许］搅拌备用。准备热的白米饭［约2碗］，放在大碗里，加入调料后用勺子轻轻混合，同时扇风让米饭快速冷却。青紫苏切丝备用。

2. 准备烤秋刀鱼

   准备生的秋刀鱼［2条］，洗净后撒盐。

3. 烤秋刀鱼

   秋刀鱼放在铝箔纸上，放进烤箱里烤制一刻钟，若秋刀鱼太长，可以切半后烤制。温度设定约180—190℃，烤制时间和温度视具体情况而定。烤好的秋刀鱼用筷子去除骨头和内脏。按个人口味洒柠檬汁［少许］，以便去腥。

灾难中必备的秋刀鱼

众所周知，日本是一个自然灾害频发的地方，据说世界上百分之十的地震就发生在日本，可谓"地震之国"。我小时候，学校举行的每年一次的防灾演练，都安排在9月1日，因为空前惨烈的关东大地震发生于1932年9月1日，到1960年日本政府把这一天设定为"防灾日"。学校会提前通知这一天要进行演练，但学生并不知道具体在什么时段。暑假刚结束，9月1日是第二学期的第一天，只是前去报到、提交暑假作业即可。我们都交了作业，无所事事，这时班主任喃喃自语："时候到了吧……"突然广播里响起了一声警报："地震了！地震了！请大家尽快躲到桌子下。"我们小朋友们都很乐意接受演练，觉得演练总比上课好玩，听到广播，不等老师的指示，就把椅子上的"防灾头巾"*摘下来戴在头上，迅速躲到自己的小课桌下，用双手握紧桌子脚。

过了几分钟，又有一个广播通知，让大家迅速疏散到

---

* 防灾头巾：又名"防灾兜帽"，用来保护头部不受掉落物和玻璃碎片等的伤害，平时用来当坐垫，非常时刻可用来防灾。在我小时候一般都是家长手工制作，现在改成购买现成的含铝防灾头巾，有特殊的耐热耐火工艺。

4. 卷烤秋刀鱼寿司

　　准备 1 大张海苔，放在竹帘或保鲜膜上。将寿司饭铺在海苔上，大约铺成 2—3 粒米饭的厚度。海苔的末端需要留 1 厘米的空间不要放米饭，以免卷到最后时饭粒溢出。寿司饭上撒点熟白芝麻，靠近跟前的部分放秋刀鱼肉和青紫苏。然后将竹帘或保鲜膜卷起，使得海苔包裹住寿司饭。请注意不要把竹帘一并卷进去。

校庭。老师先让班级里所有的学生到走廊里排好队，数好学生人数之后，带学生们走到楼梯，班长在前面，老师在最后面。这时候我们必须用一只手拿起自己的手巾捂住嘴和鼻子，这也是演练的环节之一，为的是避免被地震产生的浓烟呛到。若忘记带手巾只能用手盖住自己的嘴做做样子，心里明知这动作在真正的火灾中不起作用，非常尴尬。我有一次也忘记带手巾了，男同学们的眼睛很尖锐，之后好长一段时间被他们说"连手巾都不带的女孩子，真不知道平时她上完厕所、洗完手之后怎么擦干的"之类的话。日本人平时习惯带手巾，也是有原因的。

但这只是事后的小插曲，演练中是不许说闲话的，从走下楼梯至到达校庭，整个过程都很安静。等所有学生走到校庭，校长会出来讲话，比如这次从疏散通知到所有学生到校庭一共花了几分钟，当中有没有学生跌倒等突发事件等，然后校长夸我们行动冷静迅速，然后让我们回到教室里，就可以回家了。

不只是学校，还有市民活动中心等地方也会举办防灾演练，一般都在秋天的某个周末。这比学校的演练更有意思，因为有"起震车""灭火"和"浓烟中的逃难方法"等体验性的活动。起震车我也上去过一次，车型有点像小卡车，车内放一张桌子和四把椅子，模拟成家庭客厅的样子。上去之后要蹲在桌子下，握住桌脚，然后车内的地震烈度从1度逐级上升，一直升到6度，这时椅子和茶几都

5. 切卷寿司

卷好的寿司封口朝下，放置几分钟后用菜刀切成 5—6 块。准备干净的湿布块，每次切完用布把刀擦净。按个人口味蘸生抽享用。

6. 做腌渍生姜

嫩生姜 [250—300 克] 用刀去皮 * 后切丝或切薄片。切片时沿着纤维切开，口感更佳。生姜薄片撒盐，放置 3 分钟，拧干水分备用。用小锅煮水 [150 毫升]，加昆布小片 [约 3 厘米见方] 或木鱼精 [半汤匙]，煮开后关火，取出昆布，加白糖 [4 汤匙]、米醋 [150 毫升] 和盐 [少许]，搅拌后加生姜，腌渍 3 小时即可。可冷藏保存两三个月。

---

* 嫩生姜上方红色部分可以留一点，以便腌渍后的生姜带有粉红色。不需要留太多，这个部分的纤维较硬，口感不佳。

剧烈地前后晃动，把桌脚抓得再紧也根本无法坐稳，非常可怕。起震车还可以模拟关东大地震［7.9 级］和 1995 年日本阪神大地震［7 级］的震感，可以想象当时的冲击力有多大。

这种大型防灾演练，为了吸引更多的人参加，难免带有某种娱乐色彩。因为刚好是秋天，主办方在现场准备了大量的新鲜秋刀鱼并用炭火蒸烤，空气飘香，许多前来凑热闹的人排起长队。我家一般负责排长队的是父亲，然后全家三个人分享［当时妹妹太小］。说实话当年一起感受的秋天之味我已经记不清了，但秋天高高的蓝天、秋刀鱼的味道和起震车，这三者莫名其妙地被我放进心底的一个抽屉里。近年来，在防灾演练中很少看到烤秋刀鱼，估计与秋刀鱼的捕捞量呈低迷状况、价格持续高涨有关系。

如今，在东京的出租屋里我有一个急救包，这是按东京政府免费公布的《地震自救手册》准备的背包，里面有方便随身携带的 LED 灯、既能御寒又能加热食物的暖宝宝、洗净身体用的大湿巾、便携式厕所以及饮用水等。除了这些官方推荐的物品之外，我还放了一堆食物，如巧克力、咖啡、茶包、饼干、梅干、印度咖喱汁真空包、米饭真空包以及各种罐头，这些都是我平时像囤积口粮的松鼠一样，看到喜欢吃的、又可以在常温下长期保存的食物时，一点点搜集起来的。

关于烤鱼摆放的方向问题，日本有个说法叫"海腹川背"，即海鱼摆放时是肚子朝前，而河鱼则是背朝前。鱼头一般摆在左边。

　　没想到，这个急救包在新冠肺炎疫情中还真起到了作用。疫情期间，去超市经常排长队，购物所需时间会比往常多。这个时候我干脆放弃购物，回家打开急救包，慢慢吃起之前囤积的各种食物。因为包里的东西都是我喜欢的食物，吃起来心情也不会郁闷，还发明了"只用罐头就可以做出来的一道美味"，是意大利番茄罐头、米饭真空包再加上烤秋刀鱼罐头。首先用小锅煮开一罐番茄，放入真空包里的米饭后用小火继续加热，按个人口味用白胡椒调味。最后拿出秋刀鱼罐头，这就更简单，开罐即食，和番茄味的米饭一起享用。这些罐头在中国也很容易买到，若大家有兴趣，可以在家里试试。

　　但话说回来，不管是秋刀鱼还是其他食材，享受它的过程从在市场或超市里慢慢选购的阶段就开始了，直到在家里处理、调味，这所有步骤都是"吃"的一部分。安安心心地出门，和商铺的老板、顾客聊聊天，或与朋友边聊边吃，这样的环境对餐食来说最重要不过了。

　　今天介绍的烤秋刀鱼寿司便当是用新鲜的秋刀鱼做的。出去买条鱼，在茶叶店*与店主边聊边选购海苔，疫情过后，我们会更加珍惜生活中这些小小的日常，这也是一种欣慰。

---

*　日本的茶叶专卖店通常也会销售海苔，因保存茶叶的需要，茶叶店有防潮、防晒、防异味的存储技术和设备，这刚好也是适合海苔的存储环境。

— 便当小贴士 —

秋刀鱼的得体吃法

烤秋刀鱼的香味很诱人，但它的小骨头多，吃起来不是很方便。正因此，不少传统家庭看重烤鱼的吃法。按理说，除了骨头和头部之外，内脏和皮都吃光，才算是吃干净了，但也要讲究形象和顺序问题。据说，有的家庭为儿子相亲的时候，会在菜单中故意加一道烤鱼，就是为了观察女方的吃相。吃得漂亮，意味着对方家教好，值得信任。这个说法多少带有"民间传说"的味道，我没参加过相亲，但这样的说法表明了日本人对吃鱼的看重。

日本人吃烤鱼的原则是：上面的鱼肉吃完，不翻鱼身，而是把骨头取下再继续吃下面的肉。这一点和中国人的习惯有点相似。

至于秋刀鱼的内脏，因为味道比较苦，有些人不喜欢吃，但也有人觉得这是秋刀鱼最好吃的部分，很下酒。若不喜欢，与其他小骨头一起放置于盘子左上方即可。烤秋刀鱼一般会配上柠檬块，柠檬汁拧在鱼肉上，然后用柠檬块盖住内脏和小骨头，这样看起来比较美观。另外，新鲜的秋刀鱼能吃内脏，若烤制的是冷冻秋刀鱼，最好不要吃内脏。

小时候有点害怕吃秋刀鱼，因为总会被母亲说几句，但习惯后发现其实这就是最简单、最方便的吃法。我现在的居住空间有点小，烤制秋刀鱼之后会在窗帘、被单和衣服上留下一股味道。所以这些年都是去附近的居酒屋吃秋刀鱼，那里有"秋刀鱼套餐"，配上米饭、味噌汤和小菜，约合人民币 70 元。吃完看着盘子上的一条鱼骨头，心中会萌生出莫名其妙的成就感。

礼仪 1：生抽

烤秋刀鱼一般配去腥用的白萝卜泥，生抽一般不会直接洒在鱼肉上，而是洒在白萝卜泥上，吃鱼头的时候一起吃掉。

礼仪 2：顺序［1］

在秋刀鱼身中间，从头部到尾部用筷子画一条线，然后从背面吃起。

礼仪 3：顺序［2］

吃完背面的鱼肉，开始吃下方［肚子］的肉。这里的小骨头多，用筷子去除后放置在左上方。

礼仪 4：顺序［3］

去除大骨头，放置盘子上方。去除内脏周围的小骨头后享用即可。

Tuesday

大学芋便当

– 大学芋材料

红薯＊　白糖　生抽　料酒　熟黑芝麻　植物油

– 青椒肉丝材料

瘦肉　清水笋丝［袋装水煮冬笋丝］　青椒　姜末　蚝油　料酒　植物油

–所需时间……..40分钟

–份　　量……..2人份

＊　这里说的"红薯"学名为 Ipomoea batatas，别称"红皮番薯"，红皮白瓤，口感绵沙。

制作步骤

大学芋除了当作配菜之外，也可以当作甜点。

青椒肉丝是日本最有名的中国料理之一，已经相当本土化，给食菜单里经常出现。本篇介绍的是简易版。

1. 切红薯

   红薯［1个，约200克］洗净后切小块，在水里浸泡3分钟后用干净的布块擦去水分。我一般会留下红薯皮做大学芋，一是美观，二是健康*。若是不喜欢红薯皮的口感，可以提前去皮。

2. 炸红薯

   平底锅里倒入植物油［1汤匙］，开中火，油温升到160℃时放入红薯块，油煎约5—6分钟。

3. 红薯调味

   往平底锅里放白糖［半汤匙］、生抽［2—3滴］、料酒［1汤匙］和盐［少许］，开小火，边搅拌边慢慢加热。等糖浆和红薯适当融合，撒上熟黑芝麻［少许］即可。

---

* 红薯皮富含钙质、膳食纤维和维他命C等，在没有农药等化学污染的情况下，不妨适量食用。

半块烤红薯

搬回东京以后，我经常怀念北京的冬天。一来中国北方的供暖非常完善，即便老的公寓楼也温暖如春；二来我很喜欢糖炒栗子，虽说在中国南方和在东京都能买到，但北京毕竟离栗子的主产地更近，炒栗子的技术也有所不同，味道着实不错。严冬的下午，忙完家务、处理完工作邮件后，先去菜市场买菜，回程路上再顺道买上半斤刚出炉的栗子，急匆匆赶到家，搭配一杯牛奶咖啡，享受一个人的温暖黄昏。

在北京，冬天吃栗子，而在东京，冬天常吃的则是红薯。那种红薯有着红色外皮，瓤呈白色或淡黄色。和北京金黄软糯的烤红薯不同，在日本常见的红薯口感偏干偏粉，有一种西点般的香甜。秋日放学回家后，母亲经常给我蒸红薯。热乎乎的红薯撒少许盐，抹上点黄油，再配一杯牛奶，十分完美。

我对红薯的记忆可追溯到幼儿园举办的"烤红薯大会"。在红薯丰收的秋季，老师会带我们去附近的农田，农主夫妇总是提前用锄头把土松好，笑眯眯地出来迎接大家。

4. **处理青椒和肉丝，准备调料**

   瘦肉［150 克］和青椒［2 个］切丝，清水笋丝［100 克］用清水淘洗一遍，控干水分
   后放入小碗备用。姜末［少许］、料酒［1 汤匙］和蚝油［半汤匙］放入小碗里搅拌。

5. **炒青椒肉丝**

   平底锅里加植物油［少许］，油热后下肉丝并快速炒散。肉丝炒到约七成熟时，再加
   青椒丝和笋丝炒匀，最后加调料炒匀出锅。

我们下到田里，红薯藤爬得满地都是，小朋友们就顺藤摸"薯"，用小手一点点把宝贝刨出来。记得藤蔓下往往藏着好几个红薯，所以像我这样总是"慢一拍"的孩子，也能捡漏捡到大个儿的，还稀里糊涂受到老师的表扬。

收获的红薯，通常得储藏一段时间才会变得更甜。不过看小朋友们兴致高昂，老师就会聚起一堆落叶，把用铝箔包好的一堆红薯埋进去，趁我们在吃便当的时候，现场烤起来。小朋友们吃完便当，集体唱歌向农主夫妇道谢。这时枯叶烧完，红薯就熟了。老师们小心地用报纸包好，一个个递给大家。我们则满心欢喜地剥开铝箔，香味和蒸汽一起涌向鼻孔，让人胃口大开。我天生爱吃甜食，但遇到这种难得一见的"珍稀"食物，还是会想留一点和父母分享。所以，虽然班主任山口老师温柔地催我快点吃完，我还是一口咬定："吃不完！吃饱了！"最后，老师也笑着同意我把剩下的半块烤红薯装进便当盒带回家。

幼儿园大巴到站后，我听到山口老师悄悄对来接我的母亲说道："忍酱舍不得把红薯吃完哦。"母亲笑着回答："给您添麻烦了。"母女俩回到家里，母亲打开便当盒，有点夸张地嚷道："哟！烤红薯！看起来很好吃啊！"现在想想，在没洗干净的便当盒里待了两个小时的烤红薯，应该不会好吃到哪里去。不过，母亲那天还是喜笑颜开，特意吃了两口给傻乐的我看。

我父亲和近邻农友们一起办的"烤红薯大会"。还有用芋头做的味噌汤、自己种的花生等。

　　那天的大丰收，除了在地头现烤的红薯外，剩下的都装进了小朋友们提前准备好的布袋里，大家乖乖挂在脖子上带回家。在全家都吃腻了蒸红薯的时候，母亲会端出一道名为"大学芋"［daigaku imo］的点心：红薯带皮切块，油炸后浇上生抽和白糖制成的糖汁，最后撒上黑芝麻。是不是神似中国的"拔丝红薯"？至于这个名字的由来，记得在小学给食时段，班主任对大家解释过："今天的给食菜单里有大学芋哦。同学们知道吗，红薯很有营养，多吃红薯，好好学习，考上东大［东京大学］不是梦！"现在想想，老师的这个说法有点忽悠，不过热乎乎的红薯，加上甜咸适口的糖汁，孩子们都很喜欢。若旁边同学盘子里的大学芋比自己的多两块，当日负责配餐的同学就会被批"不用心"。

根据"日本大学芋爱协会"*的考证，大学芋的名称来源众说纷纭。有人说，是东京大学附近的一家刨冰店，为了解决寒冬营业额锐减的问题，想出卖红薯的点子。也有人说这里的大学不是东大，而是指早稻田大学，因为早稻田大学附近也曾经有过销售类似大学芋点心的店铺。还有人说，大学芋做起来很费事，就像把孩子培养成大学生一样麻烦，故名。

东京有几家著名的大学芋专卖店，我常去的一家是在浅草的老铺"千叶屋"，因为我所居住的东京西边到我父母家，会经过浅草地铁站。从车站出来，经过人山人海的浅草寺，走上一刻钟，拐进行人稀少的浅草三丁目的街道就到了。商铺悬挂着"大学いも"［大学芋］的气派招牌，一目了然。

这里总有人在排队，和大部分的顾客一样，我也会买上 400 克［约人民币 40 元］。刚出锅的大学芋隔着纸袋还能感觉到热度，抱着它再坐一趟电车到父母家，此刻的心情，和幼儿园那时候真的没两样，就是想把"好东西"与他们分享。

---

* 2012 年创立的非营利机构，宗旨是"以美味的大学芋让更多的人感受幸福"。

— 便当小贴士 —

日本的红薯

如今，日本很多地方不让随便烧树叶。一是为了安全，二是周围住户不喜欢烟味。有一次我父亲周末菜园的农友在田埂烧树叶，不一会儿就有警察跑过来。原来是菜园周围的人家报了警。看来，现在的小朋友少了一项冬日乐趣。不过，在日本买烤红薯还是挺方便的。秋冬之际，很多超市门口会打出"石烧烤红薯"的招牌。方形铁箱子里盛满碎石，石头加热后埋进几个红薯。若运气好的话，路上也可以遇到卖红薯的摊车。不过价格有点儿贵，一个小小的烤红薯差不多得 500 日元［约合人民币 31 元］。

其实红薯的种类挺多。据统计，日本近年产量最大的是"红东"［beni azuma］和"高系"［kōkē］。味道香甜，口感软糯，烤、蒸、炸都能呈现其美味。以上两种几乎占去日本红薯市场的半壁江山。另外"黄金千贯"和"白丰"两个品种一般用来做烧酒，产地集中在九州地区的宫崎县和鹿儿岛县。还有另外一种偏白的"玉丰"，适合做"干芋"［hoshi-imo］，就是中国的地瓜干。

从产地来看，红薯产量最大的是鹿儿岛，那里又以烧酒和酒豪*闻名。红薯的日语名为"薩摩芋"［satsumaimo］，薩摩是鹿儿岛一带的旧地名。其次是东京往北一点的茨城县，这里的红薯产量为全国第二。鹿儿岛和茨城县的共同点是土壤富含火山灰，前者拥有著名的活火山"樱岛"，后者则在被富士山的火山灰覆盖的关东赤土层†一带。茨城县生产的干芋口碑颇佳，当地人经常把它当作年末礼物。干芋虽然貌不惊人，但非常好吃，口味堪比法式甜点，而且价格不菲［一斤约合人民币 50 元］。

红薯的营养成分比一般谷物要多，比如膳食纤维、钙质、维生素等，可谓一种兼具谷物和蔬菜优点的食物。除当作点心外，红薯和芋头一样，也可以做成味噌汤。红薯和洋葱切薄片、水煮后加少许味噌和木鱼精即可。带有淡淡红薯甜味的味噌汤，男女老少都会喜欢。

---

*   酒豪［shugō］：指嗜好喝酒、酒量大的人，日语中的反义词为"下户"［geko］。
†   关东赤土层［英文：Kanto loam formation］：关东平原［包括首都东京、横滨、川崎、千叶等大城市］非常普遍的土壤层。

小时候不管是烤红薯还是大学芋，都会配牛奶吃。

Wednesday

日
式
青
紫
苏
饺
子
便
当

– 日式青紫苏[*]饺子材料

猪肉馅　卷心菜　韭菜　青紫苏　饺子皮　蒜末　姜末　生抽　芝麻油　料酒　白糖　盐
植物油　白胡椒粉 [按个人口味]

–所需时间........40分钟

–份　　量........3—4人份

---

*　日本料理中常见的紫苏，有青紫苏［ao-jiso］和红紫苏［aka-jiso］两种，从汉字能看出来，紫苏
　　原本的颜色发红，绿色则是后来的变种。青紫苏香味清爽，颜色鲜艳，是一种天然防腐的佐菜
　　香料，在日本超市全年都能买到。红紫苏则一般用来做梅干，6—7月为当季。

制作步骤

饺子皮：中国国内菜市场里卖的饺子皮即可，不过皮会有点厚，可以用擀面杖适当擀薄。关于日式饺子皮，请参见本篇"便当小贴士"。

青紫苏：日式饺子的主要材料为猪肉馅、卷心菜、韭菜和大蒜，加青紫苏是常见的改良，口感更清爽，按个人口味适当增减即可。

辣油胡萝卜：吃日式饺子时，一般蘸生抽、白醋和辣油。便当盒里不方便装辣油，所以炒胡萝卜时我加了少许辣油。做法请参见"春日便当"部分的"烧卖便当"。

1. 准备蔬菜

   将卷心菜［150克］、韭菜［1把，约50克］和青紫苏［约10枚］洗净切碎。卷心菜和韭菜放入小碗，加适量盐抓匀，出水后挤干水分，再加青紫苏备用。

2. 做肉馅

   将猪肉馅［150克］充分搅拌，直到变得有劲道、有黏性。接下来将步骤1中的蔬菜、蒜末［1汤匙］、姜末［1汤匙］、生抽［1汤匙］、芝麻油［半汤匙］、料酒［少许］、白糖［少许］、盐，按个人口味加白胡椒粉后用手搅拌。盖上保鲜膜，放入冰箱半个小时。

在
天
安
门
见

　　某种文化习俗传到国外，都有入乡随俗的倾向，是所谓的本土化。日本人在海外看到人们把青芥末挤到生抽小碟子里快速搅拌的样子而皱眉时，中国人对日本人吃饺子配米饭的风景也感到茫然费解。在日本，饺子指的是煎饺，外皮薄而酥脆，馅心鲜嫩多汁，最常见的馅是卷心菜加猪肉。家里包饺子时，一般都在超市买饺子皮，一包 25 张约 100 日元［约合人民币 6 元］，是一道实惠的家常菜，傍晚看到母亲包饺子，我也会搭把手一起包。长大之后，饺子又变成在拉面店顺便点的配菜之一，和无须客套的朋友一边吃香香的饺子*，一边聊聊柴米油盐，有种让人特别放松的感觉。不过这些回忆和感觉并不带有"团圆"色彩，这也是中日文化对于饺子在感情上的差别吧。

　　从小吃惯日式饺子的我，在成都留学期间第一次吃到当地水饺时，真有种世界被颠覆的感觉。那是在四川大学附近的一家小馆子，叫"曾曾饺子馆"，是一对姓曾的姐妹开的。她们得知我是刚到成都的日本留学生，热情地表示

---

*　日式饺子馅里一般会拌入蒜蓉，吃完嘴里有种"香味"，若之后要见人或开会，最好避免食用。

3. **包饺子**

将肉馅放在饺子皮［约 30 张］中心并对折，用手指蘸水润湿皮的边缘，用手将右半
边饺子皮的边缘捏一个小波浪，然后捏紧，再往左继续捏 6—7 个小波浪，直到封口。

4. **煎饺子**

平底锅预热，加植物油［1 汤匙］后放上饺子，随后马上倒开水，加到饺子三分之一
的高度，转大火并加盖加热 3—4 分钟。水分蒸发后，调小火并取下盖子，再加植物
油［1 汤匙］继续煎，直到饺子下层微焦呈浅黄色即可。

欢迎，笑眯眯地端来一碗热乎乎的饺子。随后的整个过程充满惊喜。饺子是水煮的，皮厚而有弹性，味道又甜又辣［吃的是川菜钟水饺］，吃完还可以免费喝饺子汤……我不知道怎么表达这种感动，只会说"很好吃"。记得离店时，她们还送了我一个苹果。

在四川大学留学期间，我有一位闺蜜，来自法国的蕾切尔［Rachele］。她把美丽的金色头发剪得像板寸，戴着一副约翰·列侬式的圆框眼镜，身材微胖，脸上总带着神秘的笑容。在我们留学生涯还剩半年多的某一天，她突然决定结束学业回国。"我太想念男友了，我要回巴黎。"说完问我要不要一起来，到巴黎住她家即可。"好啊。"那时二十岁的我没多想就答应了。

我们的计划是先到北京，从北京坐西伯利亚铁路到莫斯科，再转乘铁路到巴黎。蕾切尔为了回国忙着打包、向朋友们告别，我因为之后还会回来继续学习，所以比较轻松，于是决定自己先到北京，并订好两人的西伯利亚铁路车票，等蕾切尔来北京后，就一起坐火车到莫斯科。那时手机根本不存在，电脑也没有普及，在北京又没有朋友，住在哪里都还没定，两人在北京怎么碰头好呢？想了几秒，我们定下一个方案：×月×号下午两点在天安门的毛泽东像下见。若碰不到，再过半个小时去天安门看看，若还是没碰面，就再过半个小时，不见不散。"在天安门见。"我离开成都的那天早晨，蕾切尔轻松地对我说道。

一个人在北京住的什么地方，我已不记得了。只记得北京的天空和成都的大不一样，又大又蓝，那是在岛国无法看到的大陆的天空，非常美。我在街道上找了一家小餐馆，吃了几两水饺。就像小鸭子会把刚出生时第一眼看到的东西认定为妈妈一样，我在心中认定中国饺子是甜甜辣辣的。但北京的饺子色泽洁白，和钟水饺大不相同。口感爽滑筋道，馅大且鲜香多汁，同样美味极了。钟水饺要用小勺将碗中的各种调料搅和在一起吃，而北京的饺子是用筷子夹起蘸着醋吃，这也是一种透过味蕾感觉到的文化差异。

过了几天，和蕾切尔约定好的时间到了。我提前到达天安门，站在一副巨大的肖像下面。当时的天安门观光客没有现在这么多，给人的感觉是属于北京当地人的空间。我等着等着，没看到闺蜜的身影。过了半小时再来看，还没看到人。一直等到黄昏的光线柔和地笼罩广场上的人们时，我心里冒出一丝不安。我是"脸盲"，除了很熟悉且经常见面的人，我一般都会忘记别人长什么样。那么，这幅肖像确定是毛泽东吗？看起来是，不过，万一我认错了呢？会不会天安门挂的是现任国家领导人的肖像，而把最重要的肖像藏在天安门后面？我发现旁边有位抽着烟发呆的老爷爷，便指着头上的肖像问道："请问，这是毛泽东吗？"

老爷爷愣了。估计他活到现在，从没想过有人会问他这么奇怪的问题吧。他手指夹着烟，凝视着我，慎重地回了一句："听不懂。"我急了，用更大、更清楚的声音再次问道："这是毛泽东，是吗？"这时候，已经有几位当地人，包括年轻的警卫慢慢走过来围观。人们好奇地问我："你是哪里人？"我急忙回复说："是日本人。"然后继续问大家："请问，这是毛泽东，是不是？""是呀是呀。""你说什么呀？""她是日本人。""没错，是毛泽东同志。"现在回想起来，我感到非常惭愧，被人家发现来中国念书还认不出中国最著名的人物，也丢了其他日本留学生的脸。但当时的我听到大家的回答就放下心来，想着"没认错人就好"，而不久蕾切尔也出现了。随后我们顺利搭乘火车到莫斯科，再转到巴黎，体验了一下当地法国友人的生活，随后又一个人回到中国，继续学习汉语。整个行程把过去打工赚来的小小一笔钱花得精光。

现在偶尔被中国朋友问及"最喜欢的中国菜是什么"时，想来想去，我还是会说"饺子"。而对方的表情则有些失落，仿佛在说："在中国生活这么久，难道你没吃过更好吃的东西？"但我说的"饺子"，是当时在成都小馆子里一对姐妹递给我的人生第一碗钟水饺，是在广阔深远的北京蓝天下吃的白白胖胖的北方水饺。现在在北京，每当吃下一盘饺子，脑子里还是会浮现那次疯狂的西伯利亚铁道之旅，以及在天安门前的荒谬提问，心中便开心起来。也许我浪费过时间，犯了不少错，但又会想，拥有可以浪费的时间，也是年轻人的特权呐。

—— 便当小贴士 ——

饺子和米饭

大家去日本旅行，想吃日式饺子的话，会去哪里呢？当然可以找找"饺子的王将"这样的连锁店，如果附近没有，那去拉面店也错不了。一碗猪骨拉面、一盘煎饺，这是我和朋友在夜晚的东京填饱肚子最快的办法。

日式饺子皮很薄，适合当配菜来吃。日式拉面的油脂、盐分含量多，再加上煎饺，绝不是健康的饮食方式。然而，深夜在熟悉的小店里吸溜着拉面，和朋友分享着盘里的煎饺，一定会积蓄起"明天继续努力"的力量。

说到饺子爱好者，在日本最有名的应该是宇都宫市和滨松市两地的居民。据日本总务省统计局调查，两口人以上的家庭饺子消费年平均额为 2104 日元［约合人民币 133 元］*，而排在全国首位的宇都宫市为 3953 日元，排在第二位的滨松为 3528 日元，接下来是京都市［2939 日元］、宫崎市［2782 日元］等地。据说日式饺子普及到全国是在二战后。是从中国学来的，所以当时主要卖的就是水饺。但败战后的日本食物缺乏，肉馅不新鲜甚至发臭，加上饮食习惯的问题，这些人做的水饺并不受欢迎。后来有人动了脑筋，在肉馅里加入大量的蒜末除腥，然后包进薄薄的饺子皮煎制。被这样"本土化"的饺子适合配米饭吃，慢慢开始被大家接受。咖喱也好，饺子也好，在日本最受欢迎的家庭料理一般都有一个特征：很能下米饭。

中式水饺和日式饺子，除了烹饪方式和馅料外，饺子皮的做法也有些不同。中式水饺皮比较厚，口感劲道，这是因为做的过程中面粉和水充分搅和，这样面粉中产生的谷朊［英文：gluten，或称"麸质"］多。日式煎饺的口感较脆，面皮不能有太多谷朊，因此自制煎饺皮时，可以在面粉中加开水，用筷子搅拌成面絮状，随后用手轻轻揉成面团并饧半个小时，有点像中国河北的"烫面饺"皮。

---

* 该数据为 2017—2019 年的平均金额。［资料来自日本总务省统计局官网：http://www.stat.go.jp/］

日式饺子的蘸汁一般用生抽、白醋和辣油调成，依个人口味加入芝麻油。

Thursday

鲑鱼昆布卷便当

– 鲑鱼昆布卷材料

鲑鱼片　昆布　料酒　白糖　生抽　米醋　盐　生姜　干瓢［可用牙签代替］

– 炒青椒材料

青椒　杏鲍菇　盐　白胡椒　植物油

–所需时间........50分钟

–份　　量........2人份

制作步骤

昆布卷：日本家庭的常备菜之一，适合作为配菜搁在便当盒角落里。昆布在中国不太容易买到，但个人感觉用中国产的海带也可以。关于昆布和海带的差别，请参见本篇"便当小贴士"。

干瓢[*]：昆布卷外层需用干瓢系住，淡白色干瓢和暗色昆布的色彩搭配十分悦目，但干瓢在中国的超市不是常见的食材，因此也可用牙签或绑螃蟹用的棉绳代替。

1. **准备昆布和鲑鱼片**

   用干净的纱巾除去昆布［约 4×15 厘米，50 克左右］上的灰尘，用饮用水［约 400 毫升］浸泡一刻钟，变软后取出来［提醒：浸泡过昆布的水要留下来］。鲑鱼片［约 300克］切条后撒上盐［少许］，洒上料酒［1 汤匙］，放一刻钟，随后用厨房纸巾吸收水分。生姜去皮，切丝。

2. **卷昆布**

   把鲑鱼和姜丝放在昆布的一端，卷紧。卷到最后用干瓢丝把两端绑住。

---

* 干瓢［kanpyō］：原材料为属葫芦科的瓢瓜，切条脱水制成。色白，长条状，可用于制作什锦散寿司、卷寿司等，也常用于昆布卷和日式包菜卷的捆绑固定。

吴服屋与裙带菜

　　上幼儿园的时候，我曾对长头发相当憧憬，原因是自己很想留"日本发"。所谓"日本发"，即浮世绘美女的标准发型，山口百惠在电影《伊豆的舞女》中的发型就是日本发。这一发型与传统和服也最搭。之所以这么小的孩子也心心念念着长头发，当然是"七五三"*的功劳。母亲自然不会放过这个教育的机会，"想要头发长得快，就要多吃蔬菜，特别是多吃海藻哦！"

　　"吃啥补啥"的理论，不单中国人相信，在日本也颇有人气。因为海藻在大海里轻柔摆动的样子就像女性柔美的秀发，所以日本人就对昆布、裙带菜、羊栖菜等颜色深的海藻高看一眼，坚信吃了它们，头发一定会更漂亮。这倒并不完全是迷信，因为海藻富含维生素、矿物质和膳食纤维，对身体［包括头发在内］健康确实有帮助。我小时候原本不喜欢吃海藻，但为了七五三和日本发，也抱着心诚则灵的想法，开始多吃海苔和昆布卷，也喜欢上喝裙带菜味噌汤了。

----

*　七五三［shichigosan］：从江户时代固定下来的一种传统习俗，每年 11 月 15 日，小孩穿着和服和家人一起到神社参拜。

3 | 4
5 | 6

3. 煮昆布卷

将卷好的昆布卷放入小锅，用步骤 1 留下来的水，加米醋 [半汤匙] 和料酒 [2 汤匙]，用小火煮一刻钟。随后加生抽和白糖，继续用小火加热收干。

4. 盖昆布卷

加生抽 [1 汤匙] 和白糖 [2 汤匙] 后，可用厨房纸巾做 "落し盖" [otoshi buta，锅中盖]，按锅子大小裁切烹饪纸 [烘焙纸]，上面打几个洞，盖在昆布卷上，以便让其更入味。

5. 保存

做好的昆布卷可以冷藏保存 4—5 天。食用前切小块，若是用牙签固定的，除去牙签即可 [冷藏后的昆布卷形状已固定，不需要再用牙签]。

6. 炒蔬菜

青椒 [半个] 切条。平底锅预热后放植物油，翻炒青椒和杏鲍菇，用盐和白胡椒调味。

　　说回七五三。因为过去小孩的死亡率比较高，日本有个老派说法，认为孩子在七岁之前都是由神明照看，所以女孩满三岁和七岁，男孩满三岁和五岁之际，父母会带着孩子到神社感谢神明的庇护。过去女孩和男孩都在三岁开始蓄发，男孩五岁开始穿"袴"，女孩七岁换上正式的和服，所以这三个年龄段是孩子成长过程中的大日子，七五三的名字也来自这个习俗。大家若在十一月中上旬来日本旅行，就能在神社遇到穿和服的孩子们被笑眯眯的父母指挥着拍照，这就是现在的七五三风景。

　　回忆起自己的七五三，由于自我意识发展得比较慢，三岁时的事情我几乎都记不得了，七岁那年倒还记忆犹新，托的是头发与和服的福。当时我每周拜访古筝老师学琴，老师家附近有一家吴服店＊［八卦一下，这家店乃是日本国民歌手松任谷由实的娘家所开］。一天放学后，母亲突然把我带进这家店铺，开始选起和服面料来。我还记得从店门口能看到里面的和式房间，榻榻米上堆着成捆的面料……我脱了鞋子上榻榻米间，母亲却留在门口边的角落处。和我一起在榻榻米间的掌柜大叔一边向母亲建议，一边把布料在我肩头比画着。"小妹妹，好看吗？"大叔笑眯眯地问我。

＊　吴服店：指销售日本传统和服用面料的店铺。日本的传统衣装有几种称呼："和服"［wafuku］是明治时代后，为了与洋服［欧美式的衣装］相区别的称呼；"着物"［kimono］原来指衣服，后来洋装普及，成为针对传统衣装的称呼，所以现代生活中"着物"是指和服；"吴服"［gofuku］源自中国古代的吴国，指的是用吴国织布技术织成的和服用面料。

上世纪 30—50 年代的日本女孩，穿了和服、"带"和木屐，手里拿着一把扇子，旁边还能看见棒形糖果"千岁饴"[chitose-ame]。

挑选和服面料的同时，还得选"带"[*]。母亲让我试了又试，凡是不中意的面料都被大叔潦草地扔在一边，一匹又一匹，慢慢地几乎看不到榻榻米了。屋子里铺满了鲜艳华丽的布料，大叔忙着整理面料的时候，我看着母亲，忽然觉得有点累，心里甚至升起一种莫名的凄凉。

七五三去神社的当天，我得把从春天一直没剪的长发梳成日本发。一大早，七岁的我揣着发饰跑去预约好的美发店，因为离家不远，那天父母都没有陪我。我默默地看着镜子里的中年阿姨帮我理顺长发，用皮筋扎好，再用 U 型发插和少许假发盘起，最后一丝不苟地插好发饰。从美

---

* 带［obi］：就是常被中国朋友问起的"和服背后的那个小包袱"。其实那不是什么小包袱，而是一根长约三四米的布条，在腰部缠上两圈后，再绕到背后打一个花结，结法有几百种之多。"带"不仅仅是为了绑紧和服，还有色彩搭配、整体塑形的重要作用。

发店回家的路上，我有点不好意思，因为头上顶着完美的
日本发，身上穿的却还是普通的上衣和裙子。

回到家后，母亲开始忙下一项大工程：帮我穿和服*。
母亲最终给我选定的面料以橘色和白色打底，上面点缀着
云朵和小碎花。搭配的"带"是黄绿色的，花样不如和服
丰富，但两相搭配起来挺耐看的。记得母亲用了很多根布
条把我缠起来，这才拾掇出一个"和风小女孩"的模样来。
"带"的花结则选了基本的圆麻雀款式，请想象一下冬天里
麻雀那圆鼓鼓的样子。

最后，母亲把我带到平时不让我靠近的化妆台前，为我
涂上人生中的第一次口红。涂好后，母亲让我轻轻抿一下嘴
唇，不知是否因为紧张，头上的发饰也"沙拉沙拉"地轻轻
作响。那一瞬间，远比当天的神社之行给我的印象更深。

七五三之后，我很长时间没有留长发。一是因为母亲
觉得每天早上编头发太费时间，二是因为自己做了日本发
后，反而没有了执念。后来有一回父亲心血来潮帮我剪头
发，失手把刘海剪得一边高一边低。我向母亲哭诉："不去
学校了，一定会被同学笑话的。"母亲只好安慰我说："多
吃点裙带菜，头发很快就会长好的。"

---

*　和服的穿法叫作"着付け"［kitsuke］，过程比较复杂，讲究规矩，现在的
　日本人一般不太懂怎么穿和服。母亲过去专门上过课，学怎么穿和服，就
　是为了过节的时候给孩子穿和服。不少照相馆、美发店或婚庆机构会为顾
　客提供有偿着付服务。

—— 便当小贴士 ——

日本海藻"三君子"

昆布：昆布的日文发音"konbu"与"喜悦"［发音：yorokobu］相似，因此成为日本人在正月过年时必备的口彩菜肴。昆布同时又是生活中常见的食材，除了做菜也可以用于高汤吊鲜。日本的昆布种类繁多，九成以上来自北海道。高纤维的昆布含有更多鲜味成分，较适合做高汤，如真昆布、利尻昆布和罗臼昆布。纤维少、容易煮熟的昆布，适合做昆布卷等小菜，如日高昆布或早煮昆布［或称"长昆布"］。至于中国常见的海带属于海带目海带科，而昆布属于海带目翅藻科。从植物学分类来说，海带和昆布并非同一种植物，但可以说是蛮接近的物种。我个人感觉味道也比较像，所以我在中国一般用海带来代替昆布。

说及昆布的选购要点，优质的干昆布肉质厚实，带有香味，没有潮气，色泽偏绿褐色。昆布表面附着的白色粉末是甘露醇［英文：mannitol］，而非污垢或霉。因此处理昆布时用布块轻轻擦拭即可，不需要用水冲洗，以免鲜味流失。

若布：日文发音为"wakame"，指裙带菜。名字中的"若"字来自"若い"［年轻］，大家认为它有使人返老还童、恢复活力的功能。"布"来自"海布"［me］，这个字常被用于食用海藻的名称。翻开7世纪的日本古代诗歌总集《万叶集》，就有近百首与海藻相关的诗歌，其中也包括裙带菜。一千多年前，日本各地都会将裙带菜作为进献朝廷的贡品，也会被当作俸禄发放。生裙带菜不易保存，一般会经过晒干或腌制处理。用水浸泡后可做味噌汤、凉拌沙拉，也能用来炒菜。而当季的裙带菜适合生吃，用生抽加点姜汁蘸着吃，是春天里的一道美味。

海苔：中国超市里常见的紫菜，和卷寿司必备的海苔，这两者是同一种食物，只是加工方式不同。海苔是加工成纸一样薄，干燥后包装出售。这种干燥海苔使用前需要烤一烤，否则味道不香，颜色也偏暗。有些寿司店为客人提供卷寿司前，会把海苔用木炭烤一烤，就是为了增强海苔的色与香。现在为了方便消费者，不少制造商把干燥海苔烤好后再包装销售，包装上通常写着"烧海苔"，开袋即食。在中国常见的海苔通常经过了调味，加了盐和其他调料，这种海苔在日本叫作"味付海苔"，一般早餐时配白米饭吃。

用来做寿司的海苔一般不添加调料，一张规格为 21×19 厘米的海苔叫作"全型"海苔，十张全型海苔则叫"一帖"，是过去销售海苔的最小单位。还有把全型海苔切成三分之一、八分之一等大小进行包装的，这种规格则分别叫作"三切"和"八切"。三切的海苔刚好适合做饭团外皮，用来做军舰卷＊的通常是"六切"或"七切"，更小的"八切"［9×5 厘米］则是味付海苔的大小。

＊　军舰卷［gunkan maki］：寿司的一种，用海苔将醋饭裹成椭圆形，上面放蟹籽、鲑鱼籽、海胆等配料。

Friday

肉
饭
团
便
当

– 肉饭团材料

五花肉［薄片，可用牛肉薄片代替］　白米饭　生抽　白糖　料酒　姜末　熟白芝麻［按个人口味］　植物油

– 一夜渍材料

莲藕　胡萝卜　昆布　盐　白醋　红辣椒［按个人口味］

– 菠菜玉子烧材料

菠菜　鸡蛋　盐　白糖　植物油

–所需时间........40分钟［除腌制所需时间］

–份　　量........2人份

制作步骤

在疫情期间，我还想象过骑摩托车出去的话，会带什么样的便当。骑摩托车挺累的，所以便当里少不了荤菜和米饭。我想可能肉饭团挺合适。再加上蛋白质［玉子烧］，再放一点一夜渍，就可以做出营养丰富、回忆美好的便当了。

肉卷饭团：饭团可用白米饭、糙米饭等，饭团里也可以拌入切丝的青紫苏或切末梅干肉等，以使口味更加丰富。

一夜渍放入便当盒里时，需要适当地拧干水分，以免出水。一夜渍可用各种蔬菜制作，详情请参见本篇"便当小贴士"。

1. **做小饭团**

   把一张保鲜膜放在手掌上，取少量白米饭做成圆形小饭团，饭团不要做得太大。然后把肉片贴上去，最后的体积会比原来的饭团稍大。

2. **肉片贴上饭团**

   用肉片卷起小饭团。请注意用肉片把饭团整个儿裹住。

3. **做调味汁**

   小碗里加生抽［2汤匙］、白糖、料酒［各1汤匙］和姜末［少许］，搅拌备用。

驾驶证和「一夜渍」奋斗法

在东京因新冠肺炎疫情发布"紧急事态宣言"的近两个月里，我渴望能拥有一辆摩托车。早晨开车到山里，呼吸一下新鲜的空气，那该多好。带份便当和小小的保温瓶，在五月浅夏的树荫里，静静地欣赏风光，吃完再开车回来。但这只是一时的想象而已，我始终没有出远门，还好"紧急事态"不等于封城，官方虽然要求娱乐设施等六类行业停业，但面向一般民众只是呼吁减少和他人的接触，而买东西、散步和运动方面基本没有受到限制。虽然是一个人，出去走走还是可以的。

说及摩托车，很久以前在东京，我还真有过一辆本田"SPADA 斯巴达"，排气量为 250 毫升，花五万日元从同学手里买下的。我的日本驾照上除了"普自二"*的标记之外，还写有"中型"，在当时，前者的意思是允许驾驶排气量为 50—125 毫升的摩托车［普通自动二轮车］，后者指的是排气量为 125—400 毫升的摩托车。这张驾照是大学毕业那年考

---

* 　正式名称为"普通自动二轮车运转免许"，2015 年日本驾照分类有所更改，现在"普自二"指的是排气量 125—400 毫升摩托车的驾驶证。排气量 400 毫升以上的摩托车被称为"大型自动二轮车"。

4. 煎肉卷饭团

平底锅预热，倒入植物油，将肉饭团轻轻放入锅中。用筷子慢慢拨动饭团，让所有的
部分都均匀受热。盖上盖子继续加热 30 秒，以便充分加热饭团。

5. 倒入调味汁

取下盖子，倒入调味汁，然后用筷子慢慢翻滚饭团，让所有的肉片都沾上调味汁。加
热到调味汁收干即可。按个人口味撒上熟白芝麻。

的，当时朋友们都建议考"中型"，因为驾驶感更平稳，也可以上高速，行动范围会更大。

在日本，大家考取驾驶证一般都在大学期间进行，一是因为空闲时间多，二是可能对就业有帮助，另外日本在二战后取消了国民身份证制度，没有像中国那种带有照片的身份证。户籍看居住证明、医疗看健保卡，但这些证明又不带半身照，有时候办事不太方便 *。所以不少日本人把驾驶证或护照当作身份证使用。

通常大学生会在暑假期间参加两三个礼拜的"夏令营式集训"，到某个乡下的驾驶学校上课、练车，晚上回到宿舍睡觉，最后毕业拿本。平时至少要三十万日元［约合人民币一万九千元］左右的课程，夏天时只需一半价格，与朋友或男友一起参加还有优惠。但我那时候是走"非主流"路线，忙着打工，不知不觉就要毕业了，才忽然发现驾驶学校的优惠没了，周围的同学也都考完了。

好在当时同在中国餐厅打工的厨师们热心于摩托车，他们骑的机车排气量很大，需要有特别的驾照。我头脑一热，一口气付了全额学费，报考"普自二"。笔试与高中时

---

* 从 2016 年 1 月起，日本政府开始实施 My Number 制度，可谓国民总编号制度。与中国的身份证一样，每个人有自己的号码，卡上印出生日期、住所、头像等。但问题是领取 My Number 卡片的人并不多，主要出于对隐私泄露的担忧。

6. 制作一夜渍［常备菜］

　　将莲藕［1 节，约 300 克］剥皮，切小块后水煮 1 分钟。胡萝卜［1/4］切丝，加盐
　　［1—2 撮］、昆布片［3×3 厘米大小］和几滴白醋搅拌，按个人口味再加红辣椒［1
　　个］。放入食品袋后用手轻揉，绑紧袋口冷藏半个小时。

7. 制作玉子烧［常备菜］

　　菠菜水煮后，搁在小碗备用。做玉子烧时把菠菜放在中间并卷起即可。［玉子烧的详
　　细做法请参见"春日便当"部分的"玉子烧便当"。］

一样，就是靠前一天凝视教科书的"一夜渍"碰运气。

"一夜渍"［ichiya zuke］又称"浅渍"［asa zuke］或"即席渍"，是短时间腌制的简易版咸菜。口感上只略带咸味，更像是沙拉，却又比沙拉更下饭一些，而且热量也不高。做一夜渍不需要特制容器，用一个食品袋就可以轻松做出来，可谓相当家常的菜肴。从"一夜渍"派生出来的引申义是"临时抱佛脚"，专指那些平时不看书学习的孩子，在考试前一天猛翻课本、通宵学习。对我来说，这个引申义倒是比本义更为亲切。

在铁路道口以及道口前 50 米开始禁止超车。［ × ］［道口前 30 米为正确。］

摩托车货架上的货物可以左右突出 30 厘米。［ × ］［左右突出 15 厘米为正确。］

前方路边看到步行者，要按喇叭引起对方注意，并减速驾驶。［ ∨ ］

接下来的技能考试，我挂了一次。我已不记得到底哪里出了错，只记得厨师们凌晨下班后，在小馆子后面一边骑着摩托演示，一边为我讲解的情形。在他们的鼓励下，我勉强通过了第二次技能考试。

如今，有日本朋友发现我手里的驾驶证上，除"中型"外还有"普自二"的标记，就开玩笑道："咦？难道你曾

1998 年 4 月摄于我的母校，由同学 Kanako 提供。图中没有我，跨坐本田 VT250 SPADA 的白色背心女孩是我的同学，在后座微笑的是来自印尼的留学生。Kanako 后来把这辆摩托车转让给我了。

经是暴走族？！"

"没有没有，只是年轻时玩一下而已。"我一边说一边把驾驶证收回钱包里。大学毕业后，忽然空下来的时间，我一边努力摸索未来的方向，一边在便利店、面包工场和中国餐厅打三份零工来填满日子。而伴着我穿行于三地之间的本田摩托车，后来离开东京去台北的时候就处理掉了。跨上这辆入门级大排量摩托车，在东京吉祥寺周围驰骋的日子，离现在的我实在太遥远。但驾驶证上的小小字母，是我和那些时光的联结，会让我想起自己的原点。

"一夜渍"学习的问题是，记住的东西很容易忘光。离开日本后，我的驾驶证真的变成一张身份证，几乎没有发挥原本的作用，现在我连怎么打开引擎都想不起来了。那些日子就像"一夜渍"的蔬菜般，清淡中带有一丝咸味，在舌尖上没有作太大的主张，就慢慢消失了。

— 便当小贴士 —
一夜渍的变化

说及腌菜，在日本还有一种一夜渍专用玻璃容器。磨砂质地的玻璃材质，小钵造型，厚重的玻璃盖用来压住食材以便入味，把蔬菜切片放在玻璃容器里，撒上盐、压上盖子即可。在冰箱搁上一晚后，第二天一早就可以直接上桌。我母亲很喜欢这个玻璃罐，但没过多久它就被挤到一堆繁杂的厨房器具后面，现在已不知去向。上文也提到，一夜渍本就是做法极简的菜，用一个食品袋装即可。

利用盐分促进材料脱水入味，在短时间内让生蔬菜变成一道小菜，这是一夜渍的核心。除了颜色和味道外，口感也很重要。虽然是一种腌渍物，但因为腌渍时间短，能保持蔬菜本身的口感和脆酥感，这是一夜渍的魅力。所以大白菜等叶菜，建议沿着纤维切开，以免腌渍后变得太软，失去口感。另外，做一夜渍时可以加些切丝的青紫苏、柚子皮*和辣椒，以丰富口感。

除了莲藕和胡萝卜外，一夜渍的花样还有很多。在日本，常见的一夜渍蔬菜有大白菜、卷心菜、胡萝卜、白萝卜、芜菁、芦笋、茄子和黄瓜。调味方面除了盐和昆布之外，还有生抽渍［用生抽和料酒腌渍，不加盐］、甘醋渍［米醋、白糖和盐］、柠檬渍［柠檬切片和盐］等。

一夜渍也好，其他腌渍物也好，这些小菜在日语里被统称为"箸休め"［hashi yasume］。均指在宴席的两道菜肴之间，用于舒缓味蕾的小菜。除腌渍物外，也可以是用白醋调味的凉拌菜、茶碗蒸†、清汤等口味清淡的料理。虽然不能当主角，但依然是宴会上必不可少的。

---

* 指日本的柚子［yuzu，学名为 citrus junos］，在中国称为香橙或罗汉橙。外表不光滑，果肉极酸，不适合食用，皮的味道香浓。
† 茶碗蒸［chawanmushi］：类似中国的蒸鸡蛋羹，在蛋液里加日式高汤，再加入鸡肉、香菇等食材制作而成。一般用茶杯大小的小碗蒸制，故得名。

那么，为什么叫作"箸休"呢？"箸"[hashi]指筷子，但吃小菜的时候，筷子也并没有休息呀？据说，在日本料理中，"箸休"就是让大家为了下一道菜放下筷子，让味蕾休息一下。以清汤为例，喝的时候既"清洗"了筷尖，又需要时不时放下筷子，确实有些"箸休"的意思。便当也是一样，便当盒里有肉有菜，口味轻重都有变化，这样才能刺激食欲，让人心满意足地享用。

早上制作便当可以和早餐一并进行，没能装进便当盒的菜肴，加上水果和茶，即可当作简易版早餐。有时候没时间把早餐装盘，站着吃完了事。那也是日常生活的一面呢。

Saturday

菊
花
和
物
便
当

– 菊花和物材料

菊花 * 米醋 白糖 盐 鸡胸肉 [按个人口味]

– 味噌肉末材料

肉馅 [鸡肉和猪肉皆可] 味噌 姜末 白糖 料酒 生抽 七味粉 [按个人口味]

– 焯西兰花材料

西兰花 盐 橄榄油

–所需时间........40分钟

–份 量........2人份

* 观赏用的菊花也可以吃，但味道比较苦。在日本买到的食用菊和观赏用菊花相比，苦味较淡，
花瓣口感更好，味道清香。

制作步骤

食用菊：为保持菊花花瓣的色泽，烫花瓣时需要加醋，否则花瓣很快会变暗。煮开 1 公升的水，加约 50 毫升的醋即可。

菊花和物［常备菜］：烫过的菊花花瓣［调味前］可以冷藏保存 1—2 天，若想要保存时间更久，也可以冷冻保存。冷冻后的花瓣需要放在冷藏室慢慢解冻。关于"和物"的说明请参见本篇"便当小贴士"。

味噌肉末［常备菜］：做好的肉末可冷藏保存 2—3 天，也可冷冻保存 2—3 周。食用前用微波炉解冻即可。

1. **将菊花分小瓣**

   将菊花［100—150 克］洗净，用手指轻轻分成小瓣。最中间的部分味道比较苦，最好不要食用。

2. **烫花瓣**

   小锅里煮开水［1 公升］并加米醋［约 50 毫升］，放入花瓣，加热 5 秒钟后马上捞出，控水后放凉备用。

菊
花
宴

　　日本网络上有一句俚语："在刺身［生鱼片］上放蒲公
英的工作"，指的是"单调的机械性工作"。在日本餐厅吃
生鱼片，或在超市买一盘切好的生鱼片，盘子上一般都有
一朵黄色的小花，看上去有点像蒲公英。想象某处工厂流
水线上的员工们，在传送带一盘一盘传过来的生鱼片上放
一朵花，确实感觉有点无聊，但仔细想想我们每个人的工
作上好像也是如此。在社交网络上与朋友聊一会儿，差不
多的时候跟对方说"好吧，回去做在刺身上放蒲公英的工
作哦"，有些自嘲也有些无奈之感。

　　虽然不少小朋友和大龄小朋友，会认为生鱼片上的黄
色小花是蒲公英，但其实那是食用小菊。讲解小菊之前，
想简单介绍下日本料理的"豆知识"*。在日本吃生鱼片，盘
子上会有"辛味"［karami］和"褄"［tsuma］。前者大家都
比较熟悉，山葵†、芥末‡、姜末等，用筷子挑起少许放在生鱼

---

* 　豆知识［mame chishiki］：意为小知识、杂学。
† 　山葵［wasabi］：学名为 wasabia japonica，一般称为"青芥末"，用山葵的
　　根状茎磨成细泥状制成的调料。山葵栽培于山区的溪边水畔等半水生条
　　件下。
‡ 　芥末：即黄芥末，用芥菜［学名为 brassica juncea］的种子碾磨而成的粉末状
　　调料。

3. 菊花调味 、加鸡胸肉

小碗里放米醋［2 汤匙］、白糖［半汤匙］和盐［少许］搅拌，再将烫过的花瓣放入小碗里搅和。按个人口味加切丝的白煮鸡胸肉，图片中使用的是在日本便利店常见的沙拉鸡胸肉，即食鸡肉产品。

4. 做味噌肉末

开中火预热平底锅，放入肉馅［250 克］、料酒、白糖［各 1 汤匙］和姜末［少许］，用筷子边搅拌边加热。肉馅熟透后加味噌［1—2 汤匙］和生抽［少许］调味。按个人口味加七味粉。

5. 焯西兰花

把西兰花切成小朵，放进大盆用流水洗一遍。用小锅煮开水，调小火后加盐［少许］和橄榄油［以便保持西兰花的颜色和口感］，再放入西兰花，加热 1—2 分钟后捞出来，放进干净的大盘里过凉。

片上，再蘸点生抽送进嘴里，可以去除鱼身的腥味。褄则是为展现菜肴的季节感，且令口感更清爽而添加，如裙带菜、紫苏花[*]、穗紫苏[†]、菊花、紫芽[‡]等等。装生鱼片的盘子上常见的白萝卜丝也是褄的一种。除了萝卜外，还可以用土当归、茗荷等时令菜蔬做成褄来搭配生鱼片。

生鱼片盘上的小菊花，很多人只会欣赏而并不会食用，但若想试一试，也可以轻轻摘下几片花瓣，撒进放生抽的小碟子里，这样生鱼片蘸生抽后会带有淡淡的菊花香。至于紫苏花和穗紫苏，需先用手指把花穗揉一揉，将其香味激发出来，然后再用筷子或手指将花穗轻轻捋一下，放入生抽碟里。除了有清淡的花香外，看起来也赏心悦目。

与中国一样，日本也过农历九月九的重阳节，别称"菊花节"。这段时间日本的超市会售卖黄色和紫色的新鲜食用菊，凉拌和做成沙拉，都有一种独特的风味。另外，据四国地区出身的父亲介绍，当地以酒豪出名的高知县，有一个名叫"菊之花"的传统酒宴游戏，道具就是生鱼片盘子里的那朵小菊花。

首先准备好一朵菊花、一个托盘以及在场每位宾客的

---

* 　紫苏花［shiso no hana］：在紫苏先端、渐尖部分花序顶生，花呈淡紫色，花期为6—8月。

† 　穗紫苏［hojiso］：紫苏生长到花落且尚未结果时收获的状态。

‡ 　紫芽［murame］：紫苏的双叶嫩芽，呈深紫色。

在百货公司地下食品部门，价格略贵的生鱼片套餐上偶尔会看到穗紫苏、紫苏花和紫芽等配料。

酒杯。酒杯全都倒扣在托盘上，其中一个杯子下藏着菊花。然后大家一边拍手一边唱道："菊之花……菊之花……打开惊喜菊之花……谁来拿到菊之花……"边唱边依次传递托盘，拿到托盘的人选一个酒杯揭开。如果酒杯下有菊花，就要罚酒。喝多少杯呢？杯数就是前面别人翻过的酒杯数量！所以越晚揭晓，被罚的酒越多，大家的兴致也就越高。有人把这个游戏叫作清酒版"俄罗斯轮盘赌"，绝对能让现场气氛活跃起来。

除却风雅情趣，菊花的食用方式，我是在小学时学到的。记得那时我早上习惯看当天的给食菜单。有一天早上我发现，菜单中有凉拌菊花。母亲告诉好奇的我，花园里的菊花太苦，一般不适合吃，但有些菊花味道带甜、更香，可以做成菜。放在生鱼片上的黄色菊花，也是这种可以吃的菊花，只是做凉拌用的菊花花形更大一些 *。听完我来了精神，单独凉拌的菊花，会是什么样的味道呢？

到了午饭时间，等大家都拿到给食，全班同学齐声高呼："いただきます！"之前没吃过菊花的不止我一个，记得很多同学对凉拌菊花很感兴趣。有些调皮的男同学只舔了一口就放下勺子，模仿呕吐的样子说"难吃！"，引来一些同学的附和。我倒是觉得还好，它并不是我想象的那样

---

* 食用菊花在日本的主要产地有山形县［东北地区］和爱知县［中部地区］，前者生产的菊花花形大，主要用来凉拌，而爱知县生产的花形小巧，适合用来做褄。

花牌。月亮和酒杯带菊花这两张的组合称为"月见で一杯"［赏月喝一杯］。

把整个花朵凉拌，而是把大朵菊花的花瓣揪下来，开水氽过后调味。菊花花瓣嚼起来有点弹性，嘴里散发出淡淡的菊花香。凉拌菊花是用米醋和盐调味，混合花朵本身的微甜。确实，菊花的味道很淡，香味独特，并不是小朋友一放进嘴里马上就会喜欢的食物。但某种程度上给食确实有"食育"的作用，让小朋友知道"能吃的花"的存在和调味方式，这也是一门生活的学问。

在小学毕业前的一段时间，我和闺蜜们玩起了"花札"*。花札共48张牌，每4张代表一个月，一共一年12个月。纸牌上的图案根据日本各种行事、祭祀和风俗绘制。玩的时候看纸牌上图案的月份凑出役牌，役牌按图案组合有得分的高低。其中很容易凑出来的役牌叫作"花见酒"和"月见酒"，前者为"樱花＋酒杯带菊花"的两张组合，后者是"月亮＋酒杯带菊花"，也是两张的组合。看来，不管是春日还是秋日，花还是少不了美酒来搭配。赏花更是懂得人生的千姿百态和酸甜苦辣后获得的片刻慰藉。

----

* 花札［hanafuda］：一种日本传统的纸牌游戏，别称花牌、花纸牌、花斗等。

—— 便当小贴士 ——
"和物"的盛法

日本料理里经常出现"物"一词，比如渍物、煮物等，本篇介绍的"和物"［和之物／aemono］是日本家庭料理中经常出现的菜肴说明，它是将食材用调料搅拌后做成的小菜。调料种类很多，有味噌、生抽、芥末、芝麻、米醋等。另外，能用来做和物的食材也很多，比如菠菜、胡萝卜、茄子、黄瓜、海鲜、海草、鸡肉等等，食材和调料的组合几乎是无限的，可以说和中国的凉拌菜十分接近。

和物和渍物［渍け物／tsukemono］的最大差别是调味时间，渍物的食材和调料接触的时间比较久，而和物一般来说食材切好、调料准备好，开动之前搅拌就可以上桌了。做和物时的要点是食材的水分和温度，不管食材是用生的还是熟的，都需将食材的水分沥干，然后放凉后调味，免得食用时味道变得"呆"，失去口感。

因为和物是将食材和调料搅拌而成，如盛在太大或太平的容器里，外观给人感觉比较"杂"，也不够优雅，因此在餐桌上的和物一般都是盛在小钵［kobachi］里，即体积小、开口小，但有一定深度的小容器，盛法是菜肴中间部分堆得高，像"山形"。和物在一般情况下不能当主菜，只是用来补足餐桌上或便当盒里的色彩、口感和营养。反过来，寿司、天妇罗等主菜级、诱人的菜肴可以摆在大的平盘上，让人充分欣赏到食物本身的美。

和物装在小钵里，为餐桌增添一些季节感。

Sunday

午餐肉寿司便当

– 午餐肉寿司材料

午餐肉　白米饭　海苔　米醋　白糖　盐　植物油

– 糖醋藕片材料

莲藕　白糖　米醋　盐　辣椒 [按个人口味]

– 玉子烧材料

鸡蛋　白糖　盐　葱末　植物油

–所需时间........50分钟 [不含煮米饭的时间]

–份　　量........3—4人份

制作步骤

寿司不一定是要用生鱼片，也可以用玉子烧甚至火腿。说及午餐肉，其实这并不是我最喜欢吃的食物，但在我的急救包里备有包括午餐肉在内的几个罐头。疫情期间不敢出去买东西时，这些罐头还真派上了用场呢。

若在家里吃寿司，还可以配味噌汤。用小锅煮几样切丝的蔬菜，熟透后加日式高汤颗粒〔鲣鱼味、昆布味等〕和味噌即可。加味噌后不要用大火煮滚，免得味噌的香味流失。

没吃完的寿司饭最好常温保存，不宜放入冰箱，会严重影响其口感。建议按个人食量制作。

1. 准备糖醋藕片

莲藕〔1节，约300克〕去皮后切0.5厘米厚度的小片。洗净藕片后，平底锅里放水〔少许〕、白糖〔3汤匙〕、米醋〔3汤匙〕和盐〔少许〕，开中火后放入藕片，加热大约3分钟。锅里的水煮开后关火，按个人口味加辣椒。

2. 准备寿司饭

用电饭锅煮白米饭，准备调味料。将米醋〔50毫升〕、白糖〔1汤匙〕和盐〔3克〕调好备用。米饭煮好后，取4—5碗的份量，趁热放进大盘子里，加入调料，放置约10秒使之入味。随后用勺子混合米饭和调料，同时扇风让米饭快速冷却。做好的寿司饭用布盖好，以免蒸发过多水分。

青山的「便当」

秋风乍起时，我就会回想起小学的运动会。过去日本的运动会一般都在秋天举行，而近年因气候变化和其他因素，在春天办运动会的学校也不少。但在我心中永远留存着在秋日宽阔舒畅的天空下奋力飞驰的小朋友们、还有和大家一起吃便当的模样。好久没有去看运动会了，记得上世纪八九十年代运动会是完全开放的，而现在不少学校闭紧校门，估计后疫情时代的运动会，出于卫生方面的考虑，管理会更加严格。

在我小时候，中小学的运动会按照惯例会把学生分为红、白两组，进行对抗赛，据说这源自八百多年前平安时代的坛之浦合战[*]。但在操场上跑来跑去的小学生们才不管什么平安时代，百米赛、接力跑、团体操、掷球比赛[†]、"两人三脚"等项目轮番开展，即使缺乏运动细胞的同学也扯着嗓子呐喊助威。

---

[*]　坛之浦合战：发生于日本平安时代末期，为源平合战的关键战役之一。平宗盛率领的平氏是红色战旗，源义经率领的源氏则是白色战旗。

[†]　掷球比赛：日文是"玉入れ競争"，把小球之类的物体扔到篮子里，在规定时间里看谁扔得多。

3. 煎午餐肉

　　午餐肉切片，平底锅加入植物油煎 2 分钟。午餐肉两面呈金黄色即可。若平底锅太
大，可以用做玉子烧用的方锅煎。

4. 做玉子烧片

　　用方锅做玉子烧。打鸡蛋［3 个］，加白糖［1—2 汤匙］、盐［少许］和葱末［1 汤匙］
后搅拌。玉子烧做法请参考"春日便当"部分的"玉子烧便当"。玉子烧在竹帘上放
凉后，用刀切成 0.7 厘米厚的小片。

　　运动会通常在周末举行，从早上一直热闹到下午。家长们也被邀来观赛。爸爸们一般负责拍照，若拍摄的角度不好、影像模糊或根本没拍到自家孩子，就难免成为日后被妻子埋怨的经典素材。妈妈们通常负责饮食，早餐和便当都做得比平时更丰盛漂亮，孩子出门后，还要再梳妆打扮一番，尤其是做好防晒，然后赶到学校。先和同班家长打招呼，之后在不伤和气的前提下，与丈夫一同占据最佳拍摄位置。

　　不少学校允许学生与家长一起在操场吃便当。运动会当天的便当展示着每家的看家手艺，饱含自家母亲、祖母或外婆的巨大热情，全家人一起分享，热闹幸福。但我所在的小学刚好位于当时人口激增的东京郊区，学生数量超过一千，因此操场没有足够的空间让大家一同坐下吃便当。于是到了中午，孩子全部回教室吃便当，父母则留在操场或回家解决午餐。上午的赛程结束后，我们先向家人挥挥手，吵吵嚷嚷着回到教学楼里，对着水龙头"咕咚咕咚"灌上一气凉水〔日本的自来水可以直接饮用〕，然后才打开便当盒。我上小学时学校会供应标准套餐，只有偶尔举办远足、运动会或文化节目的时候，才能吃上自家的便当，那种节日般的气氛，我现在回想起来还是有些兴奋。

　　就这样，我们各自和关系比较好的闺蜜拼桌，准备开饭。

　　"哇！看她带什么啦！学校不允许的哦！"还没吃上

5. 做小饭团

　　用保鲜膜取少量寿司饭，用手捏成椭圆形小饭团。

6. 做握寿司

　　海苔用剪刀剪成 1 厘米宽的细条。将玉子烧片和午餐肉片放在小饭团上，用手轻轻捏紧后，用海苔固定。卷到最后若有多余的海苔条，用剪刀剪除即可。

第一口，就听到一位男同学这样喊道。

　　他站在名叫青山的女同学身旁，指着她桌上的午餐，向全班同学告发。青山同学长得很漂亮，笑容尤其迷人。她自己似乎也清楚这一点，和她要好的女生外貌都在平均线以上。课间休息的时候，她们常在教室后边模仿当红女星的舞蹈，虽然才小学四年级，但她们已经有点女人味了。反之，比较迟钝、不爱说话的我，身材有些发胖，以至于运动能力也差，所以经常被青山叫作"白猪"。不幸的是，她和我住得近，下课后经常跟着我回家，一路拼命叫我"白猪"。我忍不住稍稍抬头抗议，她就瞪着那双美丽的杏眼，说道："我哥是'不良'*，他杀过人呐，你要不要见他？"我脑子里马上浮现出目光凶恶的黑社会大哥形象，就不敢再说什么了。

　　那位男同学之所以叫嚷起来，是因为青山的那盒"便当"实在太豪华了。光看大小，就至少是其他同学的四倍，搁在木制课桌上显得格外醒目。我看到青山的桌子上铺着一张透明的蓝色塑料布，想着她应该就是用它包裹着，把便当带到学校的。那个硕大的盒子里装着各种各样的寿司：手卷寿司、军舰寿司、烤鳗鱼寿司、黄金玉子烧……盒子一角还装着颜色鲜艳的果冻，看得到里面有糖水橘子、黄桃和樱桃。盒子内壁涂成银色，外层则是仿日本漆器的朱

---

*　　不良［Furyō］：指的是不良青少年。不过这个说法也有点过时了。

红色，盒子和盖子的材料都是一次性塑料。小孩也能看出，这是买来的。

那位男同学的指责也并非没来由，因为当时的校规明示不允许带外卖食物，也不允许带点心。不一会儿，更多男生围到青山桌旁，开始附和着批评她。和青山拼桌的女生们都沉默下来，打量着周围人的反应。我原以为青山会马上跳出来，用平时那清脆有力的嗓门反驳他们，但那天，青山只是低着头，凝视着豪华的便当，一动不动。

我心里明白青山为什么会带这样的午餐。有一次，青山邀我去她家里玩，我心里有点害怕，但最后还是不得不勉强接受了这份邀请。在她家里，我看到很多印着女子图案的化妆品盒、纸袋，还有钥匙圈，青山说，那些都是用来包装母亲卖的化妆品的。然后，她转头怒视积灰的钢琴上摆着的好几个烟斗，嘟囔着："那个男人只会花钱在这些垃圾上。"不知道为什么，我当时就明白这句话应该是青山学她母亲的口气说的。青山的母亲工作忙，早出晚归，父亲没有固定的工作，也很少回家。不难想象，青山家里没有人给她做便当，那些盒装寿司，肯定是她的父母在前一天晚上买回来的，甚或是青山拿着父母给的钱自己去超市挑选的。

很快，教室里凝固的气氛被班主任打破了。班主任是一个戴着厚底眼镜的中年男性，平时很会袒护成绩好的学生［比如我，这也是青山为什么那么讨厌我的原因］；对青山那类不拿学习当回事儿的孩子，则比较严厉。但那天，班主任一边喊着"停！停！停！"，一边拉开了起哄的男生们。

我一点都不记得那天自己吃了什么。但青山和她的豪华便当，我却一直忘不了。班主任训走了几位男生后，跟青山说道："别管那些，快吃吧。"然后女生们也用很温柔的语气劝她"吃点吧"。但青山没有任何反应，低着头，依然凝视着装满寿司的塑料盒。

第二年春天，我们升入五年级。我和青山被分到不同的班，这让人感觉松了口气。后来上了初中，加入剑道部，我就更少想起她了。只是，偶尔嗅到秋天那萧瑟的气息时，会想起小木桌上那些五彩缤纷的寿司。那时候我才隐约明白，有时候对自己来说再普通不过的东西，比如带一份母亲做的便当，也可能会伤害到别人。

— 便当小贴士 —

运动会的今与昔

按照日本的习惯，秋天确实称得上是"多事之秋"："读书之秋"［全国范围的阅读推广周］、"食欲之秋"［酷暑过后，胃口大开，故名］，此外还有"艺术之秋""出游之秋"，当然也少不了"运动之秋"。

1964 年东京奥运会之后，日本政府以"爱好体育，培养健康身心"为宗旨，积极推广日本的运动风气。那届奥运开幕的 10 月 10 日后来被定为体育日 *，10 月也成为学校举办运动会的月份。在日本古典短诗俳句的季语分类中，"运动会"一词属于秋日。

但是，听说近年来这一传统也有所变化，不少小学改到初夏五月前后举办运动会。我向自己的母校咨询。据 K 老师介绍，这一变化也是有原因的。一是如今小朋友们的活动更丰富，秋天除了运动会外，学校通常还会安排学艺会［类似艺术节］、音乐会等等，估计从小朋友到老师都忙得够呛。所以，有的学校把体育运动集中在春天，秋天则以文化活动为主。二是气候因素，虽然有"秋高气爽"一说，但日本的秋天也常有台风和"秋老虎"。

K 老师告诉我，母校每个年级都有竞赛项目和表演项目各一种，另外还有跨年级和师生都会参加的活动。以下就是简要赛程：

上午：
开幕式　全校热身运动　红白队声援合战　短跑比赛　《花笠音头》［舞蹈］　接力赛《永远是朋友》［舞蹈］　拔河［毕业生、教师、家长］　骑马战 †　舞蹈［全校及家长代表］

---

*　为了方便连休，从 2000 年开始，体育日改为 10 月第二个星期一。那一天，日本许多体育馆、市民活动中心都会免费开放。

†　骑马战［kibasen］：四人一组，一个孩子当"武士"，其他三个孩子当"马"，各自扶持"武士"。红白两方对阵，谁先抢到对方的帽子或头巾就得分。战斗中队形不能散架，否则会不战而败。

中午：

青空午餐*［小朋友与家长一起在操场上吃便当］

下午：

红白队声援合战　掷球比赛　《拉网小调》［舞蹈］　大玉送†　全校团体操　闭幕式

K 老师还悄悄透露："这些年家长的变化很明显。"原来，家长们的"圈地大战"愈演愈烈，运动会当天早上六点半就有爸爸们在校门口排队，而且队伍一年比一年长。等到七点半校门一开，"爸爸先锋队"会瞬间占领有利地形，甚至会准备好一顶帐篷为妻子防晒。我心想，若仍有青山那样的孩子，现在的运动会是不是会让她更辛苦？

日本小学运动会的经典节目"骑马战"。

---

* 　青空午餐：日语中的一种说法，原文是"青空ランチ"，指在室外蔚蓝的天空下吃的午餐。

† 　大玉送［ōdama okuri］：大球运送比赛。球的直径大约有 1.5 米，重量大约 5 公斤。

冬

四季便当Ⅱ
|winter|

Monday

关东煮便当

- 关东煮材料

魔芋　白萝卜　水煮蛋　鱼糕　昆布　竹轮［圆筒形鱼糕］　章鱼［脚部，水煮］　炸豆腐等

- 调味汁材料

昆布　柴鱼片　黄糖　生抽　盐　味酥［按个人口味］

- 小饭团材料

白米饭　辛子明太子［辣味鱼籽］　海苔　玉米粒　蛋黄酱　胡椒粉　黄油［按个人口味］

–所需时间........120分钟

–份　　量........3—4人份

制作步骤

煮食材时，先放入魔芋、白萝卜等难以入味的食物，关火后放置几个小时使之入味。用餐前再放入容易煮熟的鱼糕等材料。

关东煮按个人口味可加黄芥末享用。做好的关东煮可当晚餐主菜，若要带便当，控水后再放入便当盒。因关东煮的水分多，盒子需选择有密封性的。

1. 处理白萝卜、魔芋

   白萝卜［半根］去皮后切成厚片［3厘米左右］，切上十字纹，水煮一刻钟。魔芋［1包］先用盐和饮用水清洗，切片后切成细条，用小锅煮2分钟备用。

2. 处理其他材料

   竹轮等材料切小块备用。鱼糕、炸豆腐等油炸材料用开水清洗，去除多余的油脂。章鱼切小块后用竹签穿起来备用。

引发憎恨的白萝卜

　　不知从什么时候开始，便利店收银台旁边售卖的关东煮成了日本家常料理的代表。不锈钢的方形大锅里十来个小隔间，咕嘟嘟炖着各种食材。不过，早在 7-Eleven 从早七点营业到晚十一点的年代里，饭团也好，关东煮也好，这些日式料理都没有外卖，得靠自己在家里做。

　　冬日的黄昏来得早，小学放学后与小朋友在外面玩，没多久天色就开始暗了。我住的东京郊区，每逢冬季，到了四点半市政府就用大喇叭播放儿歌《晚霞》。小朋友之间有条不成文的约定，听到《晚霞》就要回家吃饭。到家推开门一边大声说"我回来了！"，一边用鼻子侦探今天晚餐吃什么。咖喱饭最容易闻出来，炸猪排和炸鸡块就容易混淆，生抽和味醂的焦香味应该是来自红烧鱼，如果家里弥漫着昆布和柴鱼片做的出汁味儿，那十有八九是关东煮了。

　　出汁在日本的家庭料理中是不可缺的，味噌汤、炖菜、玉子烧等都可以加，按具体用途来调整昆布和柴鱼片的份量以及加热时间。关东煮用的出汁，一般是鲣鱼［柴鱼片的原料］味较浓，昆布味较淡，这样比较合适，所以柴鱼片

3. 做调味汁

昆布［10—15 厘米见方，约 15 克］洗净后放入大砂锅里，加入饮用水［1500 毫升］，开大火，半小时后调小火。煮开后马上关火并取出昆布。接下来放入柴鱼片［3 把，约 20 克］，调小火，继续煮 5 分钟后关火，冷却。取出柴鱼片后加生抽［2—3 汤匙］、黄糖［1 汤匙］，按个人口味加入味醂［2 汤匙］，用盐［少许］调味。取出来的昆布切条、打结后与其他食材一道加热食用。取出来的柴鱼片可以扔掉。

4. 煮材料

将调味汁放入大砂锅里，开中火并放入白萝卜、水煮蛋［3—4 个］、魔芋和昆布，煮开后调小火继续加热 40 分钟，关火。用餐之前放入鱼糕、章鱼等食材加热，煮开即可。

5. 准备小饭团

用筷子将明太子［约 30 克］外层薄膜撕开，取出鱼籽，用平底锅加热到发白。按个人口味加黄油［少许］，搁在小碗里备用。玉米粒也用平底锅加热，用蛋黄酱和胡椒粉调味备用。

6. 做小饭团

在保鲜膜上放白米饭［少许］，在米饭中央位置放明太子［少许］，轻轻捏成小丸子。步骤 5 的玉米粒拌入白米饭里，同样捏成小丸子。做好的小饭团用海苔包裹。

可以煮得略久一些。

若晚餐主菜是关东煮的话，母亲就不会准备味噌汤，关东煮的汤汁好喝着呢。所以我们面前就只有饭碗和陶瓷小碗，陶瓷小碗和大砂锅是成套的，餐桌中间还会放上一个锅垫。等父亲回来后，母亲会端上热气腾腾的关东煮大锅，放在锅垫上，全家围坐用餐。记得不管是白萝卜还是鱼糕，父母都喜欢蘸些黄芥末吃。但我小的时候就不太敢吃芥末，转而主攻自己最喜欢的玉子［水煮蛋］、魔芋和章鱼。

一直只知道吃关东煮的我，到了十八岁上大学后才了解到，其实做关东煮需要不少准备工作。与其他大学一样，四月份入学典礼结束后，几百名高年级学生在校门口设摊迎接新人，只为了把他们忽悠进自己的社团。到了大学二年级，我作为羽毛球社的成员，也开始忙着为招新准备吃的，那年我们选定的就是关东煮。

女社员们准备食材，男社员们则准备厨具，另外得把摊子搭好。我的任务是准备白萝卜和竹轮。在自己的出租屋里把材料切一切、煮一煮，带到学校后，再和其他女生带来的材料混合起来煮一下就行。就在我们开始用卡式炉加热关东煮的时候，入学典礼结束了，新生们纷纷从礼堂涌出来。

新生对刚踏入的校园充满期待和幻想，或许还夹杂着一些担忧。在缤纷的落英中，新生们有的小跑着想摆脱学长们的围追，有的冷静旁观着各个社团的活跃度。再看我们这边，男社员们像猎人般冲出去，基本凭外貌锁定要"猎取"的学妹。女社员们则守着摊子，为了保持团里的男女比例，偶尔也拉一下看起来比较听话的学弟。

新生招募得差不多了，我们就坐在摊子的蓝色防水布上开始品尝关东煮。周围的樱花那么漂亮，但当时的我们无视风雅，只知享受着热烘烘的闹腾，确信这才是真正的青春。当我坐下正要拿起筷子时，对面的男同学 L 突然向我怒吼："吉井！白萝卜怎么这么生啊！"

这时我才明白过来，厚实的白萝卜需要多煮会儿才能入味，而且削皮后最好切上十字纹。但我之前压根儿没有做过关东煮，还以为白萝卜煮上几分钟就能吃。"哎呀，不好意思，我煮的时间不够。"虽然我这么说，前辈们也都一笑了之，但 L 同学还是一脸严肃的样子。

那天"诱捕"新生的成果还不错，但萝卜块在纸餐盘上被剩下的画面，以及在新生面前挨骂的情形，都已成为我心中的回忆。我也才得知，为了让父亲和我吃到可口入味的关东煮，母亲会算好时间，从上午就开始细心地准备。至于 L 同学，也许因为那天由白萝卜引发的恩怨，我和他在社团在籍期间的关系也有些生疏，正如日本俗语所说：食物引起的憎恨是最可怕的。

关东煮的秘诀之一是不能煮过头，鱼糕等容易煮熟的食材，加热时间上限是小火 20 分钟，煮太久会失去风味。

　　做关东煮看起来很简单，但其实事先的准备工作和步骤并不少。若考虑到为一餐关东煮花费的功夫，也许在便利店买售价为 70—100 日元的关东煮更划算。但我还是执念于家里做的关东煮，对我来说，这道料理就是家的象征，象征着在寒冷的冬日里，守护着自己的家。

— 便当小贴士 —

日本人最喜欢的"锅料理"

据老牌食品公司"纪文"*发布的《2020 年锅料理白皮书》记载，以家庭主妇为主的受访人最喜欢的"锅料理"†是关东煮‡，这一排名从 2006 年保持至今。

那么关东煮里的什么食材大家最喜欢吃呢？第一名毫无争议是白萝卜，不管是家庭主妇、已婚男士还是小学生都投了它一票。第二名是水煮蛋，第三名则是竹轮。这三种食材是过去十年超级稳定的"神三"组合，再往下是年糕豆皮包［日语叫作"餅巾着"，用炸豆皮包裹着年糕］和牛筋。

那么关东煮到底怎么吃？"以关东煮为主菜，配米饭吃"的人占有 52.6%，看来大家还是比较喜欢配米饭吃。不过也有 47.4% 的受访者"不吃主食"［关东煮菜饭兼顾］。另外，据 2016 年的该白皮书，大家搭配关东煮的饮料是啤酒优先，接下来是软饮料、清酒或烧酒等。

大家做多了日本家常料理就会发现，其实日本料理的糖分含量不低。外国人一般认为日本料理很健康，但有些菜肴，如炸猪排、亲子丼、玉子烧、寿喜锅等的油脂或糖分含量颇高。而大部分的关东煮食材富含膳食纤维［如魔芋、昆布］，高蛋白低脂肪［如竹轮等鱼糕类］，且烹饪过程中不放油，可以说是日本料理中的营养优等生。

关东煮的食材不止本篇介绍的这几种，大家可以按个人口味自由搭配。土豆、卷心菜肉

---

* 纪文［KIBUN FOODS INC.］：全称为"株式会社纪文食品"，1938 年创业的水产練物加工食品公司。水产練物指用竹轮、鱼糕、鱼丸等膏状鱼肉熬炼而成的食物，均为关东煮常用食材。

† 锅料理［nabe ryōri］：做好菜肴之后把整个锅端上餐桌享用的料理，如寿喜锅、涮涮锅、关东煮、汤豆腐等。

‡ 关东煮：日语名称是"おでん"［oden］，来自"田乐"［dengaku］，将烤豆腐、水煮芋头和魔芋等涂上味噌食用的料理，到 19 世纪江户时代末期铫子、野田［均位于千叶县］等城市开始生产生抽后，烹饪方式演变为多用生抽的汤汁煮制。

卷、香肠、鸡翅、青菜……日本各地的家庭都有自己的搭配秘诀。若当天吃不完，也可以热一下当第二天的早餐。记得母亲早上太忙的话就会把关东煮里的白萝卜、水煮蛋和鱼糕等放进便当盒里，我也开开心心地接受。不过，还是觉得刚出锅的关东煮，"呼哧呼哧"地吹着吃最有感觉。

Tuesday

鲑鱼籽丼便当

– 鲑鱼籽丼材料

生鲑鱼籽　生抽　日本清酒［可用料酒代替］　味醂［按个人口味］

– 明太子玉子烧材料

辛子明太子　鸡蛋　白糖　盐　植物油

– 蟹味菇炒菠菜材料

蟹味菇　菠菜　黄油　盐　生抽　黑胡椒

–所需时间........60分钟

–份　　量........3—4人份

制作步骤

鲑鱼籽：做好的鲑鱼籽可冷藏保存大约10天。也可放入冷冻室，但冷冻过久会让鲑鱼籽失去风味。另外，清洗用的盐水需要比海水盐度高，否则鱼籽的外壳会变硬。

鲑鱼籽未经过加热处理，带便当需要注意温度控制，尤其在夏日，最好不要外带。

1. **处理鲑鱼籽**

   卵巢里的生鲑鱼籽[1条，约180克]，需要趁新鲜处理，买来第一天就腌渍。

2. **清洗鲑鱼籽**

   准备约40℃温水[3公升]，加盐[1汤匙]。先用1/3的温盐水清洗鲑鱼籽，拿起鲑鱼籽，用手指轻轻拨散鲑鱼籽，最后剩下的白色膜可以丢弃。将用过的温盐水倒掉，再倒入剩下的温盐水的1/2，轻轻清洗鲑鱼籽后把温盐水倒掉。再用最后1/3的温盐水，重复清洗一遍。

料理之手

　　据日本调料公司统计，人们开始学料理后，厨艺突飞猛进是在头两年。这意味着，到了第三年，进步的速度就会放缓。想想自己也是如此，刚开始学厨艺时，除了注意健康和营养之外，还会留意每天的菜色不能重样。接下来有一段时间陷入"装备至上"，菜刀要某家的，锅非要雪平锅不可，咖啡斗一定要什么颜色的，菜盘的品牌需统一，等等。

　　回想起来，其实菜好吃与否和烹饪器具并不能画等号，往往简单普通的厨具也能做出各种美味菜肴。过去在上海生活时，我住在一栋老房子里，每户的厨房都是在公用过道里，在那里做菜的时候，邻居们分给我的一小碗红烧肉、凉苦瓜或马兰头，帮我蒸的一条鱼，都是用圆木菜板和大菜刀做出来的，锅子和调料也是大润发超市的特价品。邻居看重的是菜的新鲜程度、米的产地。偶尔一起去买菜，我发现他们和摊主们的关系维持得恰到好处，虽然每次买菜都会杀价，但也不会太苛刻。春节前的几天，小葱和香菜的价格一般都会涨，但那些相熟的摊主们会悄悄把这些"小意思"塞进我们的菜篮里。

3. 加日本清酒

　　将鲑鱼籽放入小碗里，加日本清酒［半汤匙］，按个人口味可再加味醂［少许］。

4. 加生抽

　　最后加生抽［1.5 汤匙］，轻轻搅拌。放进冰箱 3—4 个小时后即可享用。

上海邻居们的厨房和买菜的方式，让我想起了外婆。小时候，在晚秋或冬天，父母会利用周末回外婆家看望，这时候外婆不顾患有风湿痛的双脚，非得到海边"鱼市场"买回一整条鲑鱼不可。我也乐意跟着她去参观市场，虽然那里的鱼和贝壳都没有水族馆的漂亮，而且在市场里溜达一不小心就会踩到鱼鳞，但至少能近距离观察各种生物。我喜欢当时鱼市场的氛围，电动三轮车的马达轰鸣，店里的鱼贩大哥们扯着嗓门拉客，看到脸熟的客人就用当地方言说笑，热闹得很。外婆也是熟客之一，她弯着已经驼了的背查看鱼的新鲜程度，指着它和鱼贩大哥讨价还价。我在旁边还担心他们会不会吵起来，结果最后两人达成"共识"，外婆把几张纸币递给大哥的时候，双方都是笑容满面。

鱼贩大哥把鲑鱼和冰块一并装进泡沫塑料箱，外婆提着回家，在门口叫外公从厨房拿刀到后院。地主家出身的外婆有个超大的园子，大部分的空间被外公用来种菜和供孙女们玩耍，而靠近房子的一小部分则用简单的铁板隔起来，作为晒衣服的地方。等外公拿来刀，外婆便就地放个木箱，上面再搁块木板，直接开始处理鲑鱼。附近的野猫不知从哪里得知这个好消息，虎视眈眈地瞄准外婆扔的鱼内脏，但外婆生来怕猫，常常"嘘！"一声轰走它们。

"你把这个拿给你妈处理。"外婆从鲑鱼腹部取出一块橘色的东西，放在缺了口的盘子里递给我。外婆虽然疼我，但她说话总含有一种大小姐般的脾气和直率，我有时候喜

5. 做明太子玉子烧

用筷子将明太子［约 30 克］外层薄膜撕开，取出鱼籽。在另外的小碗里打鸡蛋［2—3
个］，加白糖［半汤匙］和盐［少许］。往玉子烧用方锅里加植物油［1 汤匙］，预热后
倒入 1/3 蛋液，半熟后放明太子，卷起来。剩下的蛋液分两次倒入，做成玉子烧。

6. 做蟹味菇炒菠菜［常备菜］

蟹味菇［半盒］去根散开，备用。锅里煮开水，放盐［少许］，将洗好的菠菜［1 小把］
由根部浸入滚水，煮 30 秒。煮好的菠菜冷却后控水，切成 4 厘米长小段。方锅预热，
放黄油［半汤匙］后加蟹味菇和菠菜，用生抽和黑胡椒调味。

欢她，有时候也怕她。外婆对母亲的影响更为直接，一旦
我们回到外婆家，母亲马上变回女儿，连平时说的东京话
都抛在脑后，嘴边挂着茨城县的方言，也不会像平时那么
能看管小孩了。我和妹妹在外婆家就如同被放养的绵羊，
只要保持乖巧，就很安全，也很悠哉。

　　把那一盘橘色的东西乖乖地拿给在厨房里的母亲，她
接过盘子的同时闻闻我的头发说："有腥味，待会去冲个
澡。"估计在鱼市场东张西望、蹲着观察牡蛎和螃蟹的小
孩，不知不觉身上满满吸收了海产的味道吧。母亲跟我解
释，这东西叫"筋子"［sujiko］，是鲑鱼籽［ikura］的材料，
也即并未散开、还在卵巢里的鲑鱼籽，得一粒粒从卵巢膜
上取下来。她先用加了盐的温水清洗卵巢，并用手指轻轻
拨散鱼籽。我也伸手帮忙，小小一粒鱼籽在手指间呈现出
一种特别模糊的白色，不太像超市里看到的鲑鱼籽。"也
许，"我动用当时小学生所知道的科学知识来推测，"超市
的鲑鱼籽那么漂亮，是因为加了色素，而这种不鲜明的颜
色才是鱼籽真正的颜色。"

　　"待会给你看魔术。"可能见我一脸困惑，母亲一边干
活，一边轻轻跟我说道。她把最后剩下的白色卵巢膜挥手
扔掉，把鱼籽整个放进大碗里。"先把料酒放进去。你来
吧。"咦？当我用勺子把料酒洒在鱼籽上时，它们的颜色
一下子就鲜亮了。"来，再加点生抽。"哇，加了生抽的鱼
籽一点都不逊于超市里或寿司上的"ikura"，鲜艳剔透，特

别亮丽！"妈，这放进冰箱好吗？"母亲扬声问外婆，声音里带有一丝我不熟悉的、少女般的娇嗔。

用生抽腌的鲑鱼籽，放一个晚上方可入味，于是买回鲑鱼的当晚，我们吃外婆做的烤鲑鱼和味噌汤，还有凉拌海草和香喷喷的白米饭。如果用《窗边的小豆豆》中巴学园校长的说法，当天晚餐应该全部属于"海的味道"。*烤鱼头特别受大人们的欢迎，我则专攻鲑鱼味噌汤，把骨头上的鱼肉、大葱和汤汁一并啜入嘴里，感觉自己变成一只在河里抓到了鲑鱼的大熊，有种野生的快乐，吃完还要再来一碗。母亲继续用方言聊天，父亲则在岳父岳母面前话少、吃得多，默默用行动来表示对岳母手艺的赞扬。这种场合大人用餐时间比平时长，我和妹妹都赶紧吃完，然后趁机溜走去看电视。

第二天回家，外婆用果酱空瓶装满咸鲑鱼籽，让我们带走。父亲的轿车一开进东京，母亲便从一个大龄女儿变回妻子兼母亲的模样：哄我们姐妹上楼睡觉，给父亲倒茶，早上第一个起来准备早餐，当然我又听到了那一口利落的东京话。接下来的几天，早晚餐的菜肴里多多少少会有来自外公菜园的地瓜、白萝卜、白菜和大葱，白米饭上还会

---

* 《窗边的小豆豆》是日本著名电视节目主持人黑柳彻子的自传作品，描写儿时在巴学园的日子，在中日两国都畅销不衰。巴学园的校长提倡孩子带的便当里要有"海的味道"和"山的味道"，蔬菜和肉类归入"山"，鱼和海苔归入"海"，有这两种味道，便当自然有足够的营养成分。

加一两勺鲑鱼籽。能这样吃鲑鱼籽在我们家算是一种享受，因为超市里卖的北海道咸鲑鱼籽，100 克就要人民币 50 元，母亲当然舍不得。果酱瓶里的鲑鱼籽快吃完时，母亲让我写张明信片向外婆道谢。外婆也回信给我，因为患病写的字像蚯蚓爬似的，还用上了旧假名，我看得很吃力，但至今铭刻在记忆中。

如今回国逛百货公司，看到风格"高冷"的北欧厨具或匠人全手工竹笼屉 ——毋庸置疑都是好物品，心中便涌起通通买回家让厨房焕然一新的冲动。也有时候，打开智能手机，看到五花八门的美食介绍，也想把相机拿出来研究如何把食物拍得更诱人。这时候我会想起，在后院里以晾晒的衣服为背景拿刀剖鲑鱼的外婆、从厨房里传来的母女的方言对话、果酱瓶里晶亮的鲑鱼籽。毕竟，有种菜的味道不是靠器具做出来的。

仔细想想，这几年总体上创新的菜品并不多，但也不觉得这是退步或是怠慢。我们在生活中努力奋斗的同时，能够珍惜那些心情和风景，不让它们从我们的记忆中消失，才是最重要的。

— 便当小贴士 —

鱼籽之名

卵巢里的鲑鱼籽日文叫作"筋子",一般盐渍后再销售。从卵巢膜取出一粒一粒的鲑鱼籽,用生抽、料酒和味醂调味,就变成寿司等日本料理中的"イクラ"[ikura/鲑鱼籽]。据说这个发音来自俄语。那在俄罗斯怎么吃鲑鱼籽呢?一般是在圣诞节和春日复活节的时候放在薄煎饼上,再加上酸奶油享用。这种吃法也别具风味,大家不妨一试。

另外在日本料理店中常见的鱼籽应该是"飛び子"[tobiko/飞鱼籽],也是一种鱼卵,比鲑鱼籽小很多,是直径约1毫米的小球体。本人在海外的日本料理店看到过被染成红、绿、黑的飞鱼籽,其实它原本呈金黄色,"军舰卷"寿司也经常用到它。

御节料理中不能缺的还有"数の子"[kazunoko],也就是盐渍鲱鱼卵。它的外观亮黄,鱼卵细小,口感佳。因鲱鱼籽颗粒细小且数量众多,故含有"多子多福"的美好寓意。不过,它的盐分和脂肪含量较高,对患有高血压的人士来说是一种极为"奢侈"的食物。

日本另一款人气鱼籽是"辛子明太子"[karashi mentaiko],明太子即鳕鱼卵,用盐短时间腌制,加入辣椒粉和少许香料做成。日本国内最有名的产地是西南部的博多一带。融合咸与鲜的辛子明太子很受人欢迎,放在米饭里直接吃、拌入米饭里做成饭团和做成茶泡饭皆可。

海鱼的眼中没有国境线,它们总是自由地游来游去。查看鱼籽的名称和料理方式,能感觉到与邻国间互相交流的悠久历史。民以食为天,看来这是放之四海而皆准的道理。

图片里的便当另加鲑鱼肉，做成"海的味道"亲子便当。把鲑鱼片放入平底锅，小火翻煎，用盐和白胡椒调味。

Wednesday

照
烧
鸡
肉
米
汉
堡

– 照烧鸡肉米汉堡材料

白米饭　鸡腿肉　生粉　姜末　蜂蜜　生抽　料酒　青苏叶［按个人口味］　黑胡椒
［按个人口味］　蛋黄酱［按个人口味］

–所需时间........50分钟

–份　　量........2人份

制作步骤

取剔骨鸡腿肉，可在肉铺请店员处理，也可用鸡胸肉代替鸡腿肉。

米汉堡可夹其他材料，如牛蒡金平等。常备菜金平的做法请参见本篇"便当小贴士"。

1. **做照烧鸡肉**

   将鸡腿肉［1块，约250克］用姜末［少许］和料酒腌制2—3分钟。置中火预热平底锅后，将带鸡皮的一面朝下开始煎。鸡腿肉的油脂较多，故无须放油。若析出的油分太多，可以用吸油纸吸取部分。

2. **调味**

   鸡皮呈金黄色后翻面，继续加热到鸡肉八分熟。从锅边倒入生抽、料酒和蜂蜜［各1—2汤匙］，并把火势调小。调味汁煮沸的泡沫变小后，盖上盖子焖2分钟。鸡皮呈亮色，酱汁变稠后关火。

3. **做米汉堡胚**

   将白米饭与生粉［约2撮］轻轻搅拌后，用保鲜膜包住，放入直径约7厘米的小盅里，用手指压实后取出。

快餐店杂记

　　记得 1990 年代末在中国留学时，去快餐店吃饭还是一种奢侈的行为。身边几位来自欧美的同学思乡心切，经常到肯德基和百货大楼里的比萨店打牙祭。但在那里消费一顿足够在学校食堂吃上几天，我想想还是舍不得。

　　其实在日本情况也差不多，代表现代生活的快餐连锁店在 1970 年代登陆日本各地，急先锋是麦当劳、肯德基和美仕唐纳滋＊，当年去那些店的多半是时尚富裕人士。我小时候，母亲负责每天早晚两餐［午餐由学校提供］，而她对快餐的看法始终是三个字 ——"不健康"。无论那是不是家庭主妇的托词，总之小时候去吃快餐的回忆并不多。长大些后，偶尔吃到汉堡、薯条和奶昔，心里还是会有一种"背德感"。没想到最终自己还是迷上了快餐，追根溯源，可能也是内心深处对"童年禁令"的逆反吧。

　　据我所知，日本美仕唐纳滋的咖啡是可以免费续杯的。

＊　美仕唐纳滋［Mister Donut］：美国人哈利·威诺克于 1955 年在波士顿创立的甜甜圈连锁店。

4. 加热

平底锅里铺上烘焙纸，放置做好的米饭饼皮。用小火慢慢加热，呈焦黄后关火备用。

5. 夹入照烧鸡肉

将照烧鸡肉切小块，夹在饼皮中间。按个人喜好可加青苏叶、黑胡椒或蛋黄酱。

所以高考前上补习班的那段时间里，我常会推门进店，点上一杯咖啡和一个甜甜圈，煞有介事地打开参考书温习功课。不过，店里不时有人进出，外加背景音乐和弥漫着甜甜圈的香味，其实谈不上是理想的学习环境。嚼完甜甜圈，喝完续了几次的咖啡，我还是"啪嗒"一声合上书，赶回补习班的自习室。

考上大学后，我在学校附近的一家美仕唐纳滋打工。附近的常客会把这家店当作咖啡馆，几位欧吉桑和欧巴桑每天早上都会准时出现，进门连柜台都不看一眼，直奔自己的"指定席"。若发现别人"不小心"坐在那儿，他们会一脸不快地换到别的座位。店里前辈悄悄传授给我每位常客的喜好：看见没有，这位大叔只喝黑咖啡，不加糖不加奶；还有哦，那位老伯每次必点"欧菲香"［面胚中富含牛奶，口感松软香甜的甜甜圈］，你不用多问，直接把咖啡和点心端过去就行。我虽有心从善如流，无奈却是出了名的脸盲，好几次在"黑咖啡大叔"面前摆上了奶油球和糖包，害得原本指望我节省时间的前辈飞奔过去道歉。

客居台北的日子，我早上常去麦当劳，为的是早晨套餐里的贝果。每天一早，与闺蜜约好时间共进早餐。周末稍微奢侈一点，早餐地点改成连锁咖啡馆，点得最多的还是贝果套餐。贝果、黑咖啡和一两份英文报纸，这个组合构成了我的"早安台北"记忆。就这样，也许坚持晨读英文报的小小努力奏了效，我后来被日本媒体公司派遣到菲律宾。在马尼拉，快餐连锁店祖乐比[*]颇受当地人欢迎。在我个人印象中，菲律宾人的口味偏甜，不管是汉堡、热狗或意大利面，都会浇上香蕉番茄酱[†]。刚开始我吃不惯最有人气的菲式意面，因为它的甜味盖过咸味，后来才慢慢品尝出其中的妙处，香蕉的香甜中带有一点微辣，其实也挺好吃的。后来了解到当地人去快餐店仍是件奢侈的事，就不好意思再多去了。

说回日本，我回国期间会去速度快到极致的"立食荞麦"[‡]，即让顾客站着吃的荞麦面连锁店。这种店一般开设于车站附近，甚至直接开在车站月台上，让忙碌的人们利用候车时间快速"充电"。名曰"立食"，但现在的店铺里一般摆着简单的桌椅。虽然可以落座，但店里的总体氛围并不闲适，顾客在门外的自动餐券贩卖机买好餐券匆匆进店，还没等你掏出餐券，店员就会询问："您要的是乌冬面还是荞麦面？"确认后不到两分钟，就会传来吆喝："荞麦汤面！您的面好了！"一份面不到300日元[约合人民币19元]，比喝杯咖啡还便宜，这样价位的快餐，似乎在中国大都市的地铁站也很难觅得了。

---

* 祖乐比［Jollibee］：菲律宾最常见的连锁快餐店，提供汉堡、热狗、炸鸡等西式快餐。

† 香蕉番茄酱［英文：banana ketchup］：据说是二战时期的发明，因缺少西红柿，人们便用当地盛产的香蕉制作成替代的酱。

‡ "立食荞麦"详情请参见"冬日便当"部分的"岁末荞麦面"。

另一种和风洋食快餐经典是 1987 年摩斯汉堡 * 在日本开售的 "米汉堡"。以传统主食白米饭取代面包做成面饼，中间夹上如什锦天妇罗、日式烧肉、炒牛蒡等日式料理，做成 "混血汉堡"。据摩斯汉堡介绍，开发米汉堡的动机之一是要解决日本国内大米生产过剩的问题。米汉堡风靡日本后的 1992 年，该公司获得日本政府颁发的农林水产大臣奖，就是为了表彰米汉堡对促进日本国内大米消费的贡献。

看起来操作简单的米汉堡，我动手时才发现没那么简单。只用米饭做成的面饼很容易破碎解体，拌入生粉后才能渐渐成形［估计当年的摩斯汉堡也做了不少研究试验］。若大家头一天的晚餐米饭煮多了，可以灵活运用米汉堡这道食谱，把冷饭炒出新意来。

对了，我在北京经常吃的快餐是驴肉火烧。家附近有一爿小小的驴肉火烧店，不管是下午还是深夜，总有人在那儿香喷喷地嚼着火烧，喝着小米粥。店铺很小，装修也一般，但开了将近十年，据说文艺片导演王小帅也多次光临。没错，就是这家的火烧，让此刻在东京打字的我怀念不已。

---

* 摩斯汉堡［Mos Burger］：日本连锁速食餐厅，1972 年在东京起家，目前分布点集中在亚洲地区。它在企业形象方面特别强调 "点餐后制作" 等原则，产品价格较其他速食餐厅偏高，所以有些消费者认为它并不是快餐店。

—— 便当小贴士 ——

牛蒡 "豆知识"

这几年，北京菜市场里的蔬菜种类丰富了起来，牛蒡就是一例。一年四季，只要提前和蔬菜摊的阿姨打好招呼，第二天她就会给我带来新鲜的牛蒡。在日本也是，不管是什么季节都能买到牛蒡。不过按照传统说法，晚春初夏才是它的当季时令。

春日的牛蒡口味比秋日的更清新，切细条后用开水一焯，就是做沙拉的好材料。撒上白芝麻凉拌也是一道美味。秋日的牛蒡较有嚼劲，适合做金平*。把牛蒡洗净后切细条或用刀削成细条，泡在水中以去除涩味。捞出后用炒锅加热，加料酒、糖和生抽，炒熟后再放点芝麻油，按个人喜好可加七味粉。金平在冰箱里可以保存五天左右，是日本家庭的一大常备菜。

春日的牛蒡有独特的香味，除凉拌外也适合做成浓汤，牛蒡富含的纤维素、酵素和植物多酚，一碗牛蒡汤可算作一道防癌抗氧化的排毒汤。篇首便当图中，上方耐热玻璃容器里的浓汤就是牛蒡汤。做好的牛蒡汤倒入耐热玻璃容器里，放入冰箱冷藏保存，与便当一并携带，食用时用微波炉加热即可。

---

* "金平" 名字源自江户时代净琉璃作品《金平净琉璃》中的武将坂田金平。用牛蒡做成的金平增元气、有嚼头，搭配的干辣椒刺激味觉，神似金平的人物性格。

牛蒡金平也可以做米汉堡的馅。

牛蒡浓汤做法

– 材料

牛蒡　洋葱　黄油　鸡精　胡椒　盐　米醋　牛奶

–所需时间........40分钟

–份　　量........2人份

制作步骤

1. 将牛蒡削成小片

   牛蒡［半根，约100克］用刷子洗好后刀削［类似削铅笔的动作］，削好的牛蒡泡在加了几滴米醋的水里。

2. 炒制

   洋葱［半颗］切片，用黄油［1汤匙］炒2分钟，再加牛蒡、饮用水［200毫升］、鸡精［半汤匙］和香叶［1枚］，用小火继续加热7—8分钟。

3. 搅拌

   牛蒡变软后取出香叶，用搅拌机搅匀。然后将做好的液体放回小锅里，加牛奶［少许］加热，最后用胡椒和盐调味。

Thursday

豆皮巾着便当

– 豆皮巾着材料

豆皮［长方形］ 鸡蛋 白糖 味醂［或料酒］ 生抽 木鱼精

– 和风鸡肝材料

鸡肝 生姜 料酒 白糖 生抽 七味粉［按个人口味］

– 煮秋葵材料

秋葵 盐

–所需时间........30分钟

–份　量........2—3人份

制作步骤

豆皮巾着：常见的便当菜肴，因形状酷似过去日本人随身携带的"巾着"小口袋，因此得名。可放冰箱保存 1—2 天。食用时请记得把牙签拔掉。

和风鸡肝［常备菜］：营养丰富的常备菜，据说是日本女作家向田邦子的拿手菜之一。可放冰箱保存 3—4 天。

1. **准备豆皮**

   豆皮［2 枚］用菜刀切一半。把生鸡蛋［4 个］从开口处往里倒入，用牙签封口备用。

2. **煮豆皮**

   用小锅煮开水［约 150 毫升］，加白糖［半汤匙］、味醂和生抽［各 1 汤匙］以及木鱼精［少许］，之后调小火，再放进封了口的豆皮。盖好盖子，煮 5 分钟后翻面，再加热几分钟即可。

3. **准备鸡肝**

   鸡肝［300 克］用盐水洗净、取出脂肪［黄色部分］，并用菜刀切小块。生姜［1 小块］去皮后切丝备用。

《千与千寻》与三味线

小时候很爱看一档人气电视节目，名叫《我家宝贝大冒险》。镜头一路跟踪小朋友们第一次独自出门帮母亲购物的过程。小朋友们都非常认真，但又免不了迷路、跟哥哥吵架，或一路东张西望而忘记要买的东西。孩子们的遭遇让观众们捧腹不已，好不容易买到东西准时回到家的小朋友，看到妈妈的瞬间就萌萌地哭起来……其实我也有"出门远行"的童年回忆，只是和这档节目的温馨与欢乐相比，有点不太一样。

五岁那年，母亲让我学日本古筝*。老师除了古筝外还擅长三味线，于是我又得多学一样。每周三拜访老师，先在榻榻米上跪拜，然后拿起三味线调音后弹奏一曲，老师指正后再弹奏练习几遍，剩下的时间再学习古筝。我在小学和初中阶段，母亲要求我每天练习古筝和三味线至少各半小时。现在想想，其实这也不算什么，我小时候从来没

---

* 日本古筝有十三弦，每根弦用一个柱支撑。琴体平卧在演奏者前面，演奏者以跪坐的方式，用右手的拇指、食指、中指套上义甲弹拨，左手按弦。日本古筝源自中国唐代的乐器，在公元 7 世纪上半叶由日本派出的遣唐使传入日本，此后千余年的时间里，筝逐渐成为日本邦乐的主奏乐器。

4. **煮鸡肝**

    用小锅煮调味汁，料酒［3汤匙］、白糖［1汤匙］和生抽［1汤匙］煮开后调小火，
    加鸡肝和生姜。继续加热7—8分钟，直到鸡肝煮熟。食用时按个人口味撒七味粉。

5. **加热秋葵**

    秋葵先撒盐，用手轻轻揉搓以便去除绒毛，再洗净。用小锅煮开水，放入秋葵烫
    1分钟后捞出。过冰水冷却，沥水备用。

有上过补习班，学艺就只有周三下午，学校给的作业又不多。但当时的我可能娇养惯了，每当坐下来拿起三味线，就觉得自己像贫农女孩被卖身学艺一样苦命。

　　记得是小学四年级的一天，我从老师府上学完琴回家，母亲照例催我利用晚饭前的时间继续练三味线和古筝。这时我才想起，三味线的弦*在几天前就断了。原本计划回家路上买的，结果还是给忘了。不过我的遗忘似乎是选择性的。那天上课前，母亲塞给我几枚硬币并叮嘱道："请你帮忙，回家路上去伊势屋买几个稻荷寿司，你爸和你都很喜欢，对不对？哦，别忘了三味线的弦哦！"自己爱吃的稻荷寿司我没忘记，但另外一个任务却被抛在脑后。我去楼下厨房告诉母亲这件事。母亲的回答很简单："难道这周都不练三味线？不行哦，乐器要每天练习才对，现在就去买吧。"

　　说完母亲继续做菜，显然没有商量的余地，于是我不得不硬着头皮出门。已经记不清当时是什么季节，但记得那天我穿了外婆给我织的咖啡色毛衣，手里拿着去古筝老师家时总带着的巾着袋，十五厘米大小的小口袋，里面装钱包和公交车的小孩优惠套票。从我家到日本传统乐器

---

*　三味线［shamisen］由细长的琴杆和方形的音箱两部分组成，一般用丝和尼龙材料做弦，在演奏时用拨子拨弦。三味线从粗［低音］到细［高音］有三种弦，最粗的弦叫作"一の糸"［ichi no ito］，中间的弦叫作"二の糸"［ni no ito］，而最细的弦则是"三の糸"［san no ito］。三味线的弦，尤其是丝制的，最细的第三弦比较容易断。

19 世纪，日本艺妓旧照。貌美年轻的艺伎照片居多，但我觉得这张里的她，表情有点迷茫，甚至是忧郁，刚好会让我想起自己小时候练习古筝和三味线时的心情。

［图片出处：Gilman Collection, Museum Purchase, 2005］

店"梅屋"，要坐近一个小时的公交车到八王子车站，另加二十分钟的小朋友步行距离。虽说我常走这条路线，但随着夜幕降临，路上的风景与白天的又大不一样，这让我多少有些不安。这是我第一次独自走夜路。车厢里乘客不多，孩子更少，大家都沉默无语。

到车站下公交车，我接着往梅屋方向走去。车站附近有一条商店街，只是到了傍晚时分，不少店主拉下卷帘门，而白天不怎么起眼的居酒屋、夜总会和俱乐部的灯光开始点亮。我的身边晃悠着寻觅小酒馆的上班族，不起眼的街角有人摆出一张小桌，桌上放着用墨水写的"手相"二字。我便侧头看一看，不小心视线碰上小桌后面的人，感觉看到自己不该看的东西，又低头赶紧往前走。

　　步行十多分钟后，我来到梅屋门口，才发现已过了营业时间。梅屋是一家老铺，但它外观并不浮夸，算是很朴实的商铺。外面没有铁门，就只有一扇镶上玻璃的木制门，关门时从室内再拉上窗帘。因为时间不算太晚，我认定里面还有人，于是硬着头皮敲门。门上的玻璃随着我的敲击咔嗒作响，我还忍不住喊道："请开门！不好意思！请开门啊！"

　　敲了许久，我开始有点绝望的时候，终于有人给我开门了，开门的并不是平时在店里的中年男子，而是一位年纪相当大的老太太。在此之前，我的生活中最年长的要算外公外婆，但眼前这位老太太看起来比他们还要苍老很多。身着和服、满头白发的老太太透过玻璃门望着我，神情似乎有点犹豫。我不禁着急起来，提高嗓门说自己要买三味线的弦。老太太专心倾听着，然后慢悠悠地拉开门，转身走进柜台后面，并从抽屉里捧出一个陈旧的纸盒。我跟着她走进店里，轻轻关上木门，心里想：还好自己刚刚没敲坏门上的玻璃。纸盒并不大，刚好老太太可以用一只手拿，里面装满了用油纸包好的三味线的弦，从粗到细，还注明了丝和尼龙等材料。她把纸盒直接递给我让我挑选，我选了几包后问她多少钱。老太太回道："我脑子不好使，也不会计算，你自己算吧。"说完拿来一张纸和一支铅笔。

我从老太太手里接过纸和铅笔，怕自己算错了给老太太造成损失，于是特意算了两次。我在纸上做笔算时，我听到老太太自言自语地说："现在的小孩真好，能上学、学习东西。我这老头小时候没钱上学，现在还不识字，也不能像你一样算账。你是个好孩子，要好好学习哦。"

我告诉了老太太价钱，同时从巾着袋把妈妈给我的硬币拿出来，递给她。老太太点点头，收下硬币，看都不看就直接放进抽屉里。我扬声道谢，离开了店。这整个过程都很安静，外面没有任何声音，只有我选弦时的嚓嚓声、笔在纸上的沙沙声、老太太和服布块轻微的摩擦声。刚到店的时候我那么用力地敲门，肯定把老太太吓了一跳吧。我有些后悔。

不能写，不会念，也不会计算。我一路上都在想这位老太太是怎么走到现在的。当然，小学生的想象力也有限，脑子里只能想出老太太的种种"不方便"，但这是我第一次自发地真心地设想他人的人生。

我回到家时看到父亲也在家，知道了时间已经够晚了。母亲并没有生气，只问我有没有买到弦，接着让我吃晚餐，晚餐还有我白天买来的稻荷寿司。因为时间有点晚怕吵到邻居，那天晚上母亲允许我不用练习三味线，我洗完澡就去睡觉了。家中温暖明亮，和我一路看到的夜景以及梅屋老太太，简直是两个平行世界。但我发现，其实自己不讨厌今晚看到的一幕幕情景，尤其是一派静谧中老太太的身影。也许从那以后，我发现世界上，哪怕是自己身边，都会有不同的世界并存。

十多年后，我从台北回到日本，在东京与朋友见面。他说现在有一部电影很流行，他已经看过但还想重温，这部电影叫作《千与千寻》。于是我们在新宿一家电影院看了一场。在回家的电车上，我心里一直有一种感觉，好像自己也见过和刚才电影里一样的情景，但想不起来了。几年之后，终于从记忆中找回那天晚上。去买三味线弦的那晚，在某一刻，我与千寻一样，站在那个神秘的隧道口。

若大家仔细追溯记忆，也许能想起一些类似的故事。就像《千与千寻》里钱婆婆说的，"曾经发生过的事情不可能忘记，只是想不起来而已"。那些记忆，正等着你去唤醒。

— 便当小贴士 —

便当汤汁的问题

有一次与日本朋友一起选购便当盒，作为给另一位友人的礼物。我们相中的是上下两层的"二段"[双层]便当盒。我觉得上层的盒子有点小，放不了很多菜。朋友困惑地说："上面不是放米饭的吗？下面的盒子这么大，用来盛饭她一定吃不完。"我们由此讨论起米饭和菜到底要放哪里的问题。

二段便当盒，上层空间比较小的盒子一般带有塑料密封内盖，下层空间较大的盒子则不太会有。所以我一直习惯把菜放在上层，这样汤汁就不会漏出来。"争执不下"的我们向店里的售货员请教，那位中年女性店员笑眯眯地说："都可以的。但现在不少人不敢多吃碳水化合物，所以也会选择用小盒盛米饭。至于便当的汤汁问题，便当菜做对了，就不会有太多汤汁啦。"

她说得有道理，很多便当菜下点功夫后，即使放凉了也可以保持美味，更不会出水。以下四点需加以注意：

［1］少油：油脂变冷后容易凝固，口感也不佳。便当菜肴用的肉可以用低脂的。另外，炒肉前可以沾点淀粉，这样菜肴变冷后仍能保持软嫩。

［2］浓郁：菜肴变冷后舌头不太容易感觉出味道，因此便当菜肴可以多加点糖、盐、醋和生抽。这样能延长菜肴的保鲜时间。

［3］汁少：酱汁尽量少些，因为容易渗到其他饭菜，甚至可能弄脏包包。若要留酱汁，可以再加热收干一些。

［4］让调料吸收水分：日式便当里的常用调料，不但丰富了菜肴的风味，还能锁住便当里的水分。做凉拌菠菜时，加1汤匙份量的芝麻粉或一点柴鱼片，就可以吸收蔬菜渗出来的水分。再如，汉堡肉饼或猪肉生姜烧旁边可以放点土豆沙拉，吸收了汤汁的土豆别具风味。

本篇介绍的豆皮巾着，煮好的豆皮含有水分，装盒前请切记要先搁在小碗里沥干。

Friday

豚汁便当

– 豚汁材料

五花肉［薄片］ 白萝卜 胡萝卜 芋头 大葱 魔芋 味噌 植物油 木鱼精［按个人口味］

– 什锦散寿司材料［简易版］

寿司饭［白米饭、白醋、白糖和盐］ 蛋皮［鸡蛋、盐和植物油］ 干香菇 胡萝卜 生姜 白糖 生抽 料酒 毛豆 白芝麻［按个人口味］

–所需时间........20分钟

–份　　量........3—4人份

制作步骤

豚汁：用猪肉做的味噌汤，是日本家常菜肴，一般在冬天吃得比较多。若是简单的午餐，一碗豚汁可以当作主菜。除猪肉外加白萝卜、胡萝卜、芋头、大葱等蔬菜，还可以加牛蒡、荷兰豆等。按个人口味可以把芋头换成红薯，小朋友会喜欢。

什锦散寿司：本篇介绍的是简易版的什锦散寿司。寿司饭的做法请参见"春日便当"部分的"什锦散寿司"。

1. 炒肉片和蔬菜

   五花肉［150 克］切成 3 厘米大小，白萝卜和胡萝卜［各 1 小段］切小片。芋头［4—5 个］洗净后削皮并切成小块，大葱［1 根］切片。魔芋［半块］用手指撕碎，并用开水烫一会，以便去腥。置中火，往大锅倒植物油加热，再往锅里倒入肉片、白萝卜片、胡萝卜片、芋头和魔芋。

2. 加水、继续加热

   肉片颜色变白，白萝卜变半透明后加饮用水［700—800 毫升］，煮开后用勺子去除白色泡沫。按个人口味加木鱼精［1 汤匙］，用小火继续加热。等所有材料煮熟，最后加大葱。

3. 加味噌

   等芋头小块变软，加大葱和味噌［3 汤匙］，味噌加入汤里面后不宜煮开，以免失去香味。煮开之前关火。

摄制组便当的奥义

几年前在北京参加一个学术活动，中方主要是大学教授，日方则是大使馆官员。上午十点多开始讨论教育相关的议题，教授们都有留日经验，使用的语言是日语，气氛相当和谐。午休时间，日方为教授们准备了日式便当：烤鱼、玉子烧、筑前煮［根菜鸡肉煮物］、日式渍物［腌菜］。虽然放在一次性的塑料盒里，但一眼就能看出是从北京有档次的日本料理店订制的。

几天之后，我遇到一位参加那天活动的中方女教授，她用一口流利的日文，笑眯眯地，但很确定地跟我说："那天的午餐吃便当有点……哪怕会议结束晚点也行，不能大家出去吃东西吗？你下次跟他们说一声好了。"

这种时候我的身份有些微妙，在两个国度中，变成一个尴尬的异乡人。我很明白日方的想法。在日本，开会的时候发便当是很常见的，既方便又能节省大家的时间。当然，这种情况下主办方也不会随意订便当，会考虑当天参会人员的年龄和口味，其实蛮费心思的。但住在中国的时间久了，我也很理解中国教授们的心理，好不容易谈了一

4 5
—
6

4. **准备甜煮香菇**

   干香菇 [3—4 个] 泡发后切丝，胡萝卜 [小块] 和牛姜 [小块] 切薄片后再切丝。在
   小锅里放香菇切片和萝卜丝、料酒 [2 汤匙]、白糖 [半汤匙] 和生抽 [半汤匙]，加热
   5—6 分钟，关火冷却。

5. **准备毛豆**

   将毛豆 [半斤] 清洗干净，用剪刀切去两端的梗，沥干水分后放入大碗中，加盐 [2
   汤匙] 反复揉搓片刻。往小锅里加水 [约 1 公升]，毛豆不需再洗净，水煮开后直接放
   入锅中，调小火煮至 5 分钟，毛豆变软后捞出即可。[毛豆是最佳下酒菜，可以多煮一
   点，喝酒的时候记得剩一点，以作为什锦散寿司的装饰。]

6. **拌寿司**

   将寿司饭和其他材料 [蛋皮、香菇、胡萝卜和毛豆] 轻轻拌拌均匀。最后按个人口味撒
   上白芝麻。

个上午，午餐时间还是出去吃点东西，哪怕是一碗日式拉面，都比外送来的便当好很多。

在日本提到便当，其实也有不同的分类：有家庭风味便当，比如本书中的手作便当，有在中国也相当普及的便利店便当［500日元左右］，有日本餐厅提供的高级便当［一两千日元甚至更贵］，还有花样多且带有各地特色的铁路便当［1000日元左右］。在日本还有一项比较重要的便当分类，就是"ロケ弁"*。它原本的意思是"外拍便当"，即影视行业工作者在外拍摄时吃的便当。现在说到ロケ弁，也包含室内拍摄时大家在空档时间吃的"摄影棚便当"，以及后期工作人员编辑、剪辑作业时吃的"编辑便当"。

那不就是外卖便当么？我很长时间里都这么认为。后来从大学友人S君那里才知道，事情没那么简单。S君毕业后去了广告制作公司上班，第一个职位是AD［Assistant Director］。虽然美其名曰为"副导演"，但实际上就是打杂儿的：调查、采访、采外景、安排车辆，另外，还要订便当。记得S君一脸严肃地说，订便当是个难事，因为要"好吃"。但好吃的标准因当天的人员、天气、用餐环境而变，并非订了贵的便当就万事大吉。AD选的便当能否被大家认可，对拍摄现场的气氛有着直接的影响。现在这位友人已经自

---

* ロケ弁［roke ben］：指"摄制组便当"。"ロケ"是拍外景的意思，"弁"指的是"弁当"［便当］。

立门户，在东京开了自己的广告公司。关于口ケ弁的问题，有一次我向这位友人和他的工作伙伴 T 桑进行了简单的"采访"，在这里和大家分享一下：

吉井：听说所谓"摄制组便当"是大家都吃一样的东西，好让现场所有人培养出一种集体感。

S：不一定，现在一般至少有两种便当。

T：嗯，哪怕订的是同一家餐厅，考虑到大家的状况不同，至少要选两种。每个工作人员的状况都不一样，有人已经在摄影棚好几天了，甚至连续熬夜，体力消耗达到极限，给这样的拍摄人员的便当一定要好一点。切记，不能与前一天的便当菜式重复。而有的人是当天刚来帮帮忙，那简单一点也不碍事。

S：别忘了钱的事儿。在有限的预算范围内让大家吃得满意，就得靠经验和眼光。有些人饭量大，而年轻女性一般吃得少。如果每个人的便当预算是 800 日元，可以订一批 700 日元份量少的，再订一批增加了主食的 900 日元便当。若预算实在不够，可以悄悄地增加书面上的人数，让每个人的实际餐费多一点点，也是没办法的办法 [苦笑]。

吉井：若是著名演员或导演，他们吃的便当还是比较高档的吧？

S：没错，至少有几百日元的差价吧。通常是荤菜的量多些，或鱼的品种高级一些。还有，不少女演员对菜品比较讲究，准备些健康时尚的蔬果便当，她们会高兴的。另外，有的导演性格有些古怪，喝的饮料都有固定的品牌，AD 需要多多吸收这些内行常识。总之，还是得多动脑筋才行。能记住多少家餐厅、便当供应商的名字，就是 AD 的能耐。比如，导演突然说想吃咖喱，你得马上报至少三四家美味咖喱便当的名字。

T：订便当就是新人 AD 的工作呀。

S：实在没时间的话，若手头有"只要有这个便当，大家大致会满意"那种中等偏上的名单会比较方便。我不是说价格，而是大家的口味和喜好上的"中等"。订餐当然有预算的限制，但也不单单是钱的问题。

T：现在，摄制组便当的供应商多了不少，他们的竞争也挺激烈的。比如过去说要吃咖喱，我们第一个想到的肯定是"Aubergine"*，花了三天熬出来的咖喱，配上一大块又大又嫩的土豆，一口咖喱一口土豆，确实好吃。但现在跟它一样水平和人气的咖喱店也多起来了。收集这些新开的店铺的信息很有必要。其实大部分的口ケ弁是一般顾客都可以购买的。若你有兴趣，可以上网搜索买来尝一尝，你就会知道我年轻的时候天天吃的口ケ弁到底是怎么回事。

吉井：感觉好深奥。拍摄现场吃的便当一般都是常温的吗？很多中国朋友说，他们吃不惯日式常温便当，对他们来说，吃口热乎乎的东西是很重要的。

S：一般是吃常温的，但拍摄现场的工作人员还是

---

* Aubergine：位于东京都四谷的咖喱外卖店，一份咖喱 1000 日元左右。

喜欢有温度的便当。尤其是冬天，若你能想办法另外准备热乎乎的豚汁，那大家就会开心很多。

T：是的，冬天若有一碗豚汁热汤，我其他有一两碗白米饭就够了。另外，天气冷的时候可以考虑带有加热功能的一次性便当盒，有的铁路便当采用一拉绳子即可加热的包装设计，虽然有点贵，但也是个解决办法。另外，最近利用catering［承办现场饮食服务］形式的午餐也多了不少，他们把面包车开过来，在拍摄现场提供各种热饮和泰式咖喱等简餐，也挺有人气的。不过比便当还是贵一些，要看预算。我有一次到上海出差参加现场拍摄，发现当地这种catering形式的午餐很常见，菜也很好吃，是热菜。

S：嗯，那种服务在日本都比较贵。所以一般来说AD另外准备热的罐装饮料之类的比较现实，或速溶味噌汤和开水，这样也可以喝到热汤。

吉井：不能订便利店的便当吗？这样感觉挺省事儿。

T：感觉不太行，是吧？

S：也还可以，后期编辑作业的时候是勉强可以的。大家在编辑室被关到凌晨，脑子已经转不过来的时候，AD给大家买一点三明治、饭团或面包等，也挺好的。若是24小时营业的快餐店、连锁店的早餐套餐之类的，就感觉上了个档次。

T：可能听起来有些夸张，但口ケ弁的质量与做出来的节目质量是有关系的。优质的节目后面，肯定有AD花心思选出来的优质便当。

　　对 S 君与 T 桑来说，订便当的日子就是"新人"时代的回忆，虽然两人讲述的过程中时常感叹当时的辛苦，但四十不惑的他们也都会流露出怀念之情。帮摄制组举照明灯、开车奔波、为别人订便当，一路走来就是十多年。为了梦想忘我地奔跑、不吝惜汗水，这一切经历和故事从他们稍带皱纹的脸庞上就能看出来，他们脸上那种表情是很好看的。

　　说回那天大使馆工作人员选的日本餐厅便当，我估计他们也是花了心思选的，只是因为文化不同，这个心思没有充分地传递给对方。所谓文化交流，有时候就是这么小却这么难的事情。

—— 便当小贴士 ——
选择慰劳点心的技巧

与大家协力工作的时候，除了自身的工作能力外，情感交流也十分重要。"差し入れ"［sashiire/ 慰劳品］能促进工作人员之间的交流，也能纾解现场的紧张气氛。

上司下午出门拜访客户，回来后给大家带了布丁。编辑部拼命赶稿错过饭点，同事从外面买来三明治。深夜从便利店买来的一杯牛奶咖啡或巧克力豆等都算是"差し入れ"。与"土产"［miyage］相比，前者一般是工作上有直接关系的人［如公司员工、作者、演员］买来慰劳大家的，后者则是从外地买回来与大家共同分享的。有时候这两者的界限比较模糊。

据 S 君与 T 桑介绍，现场工作中慰劳点心的选择也比较重要，尤其是在坐着作业比较多的后期编辑流程。以不会弄脏手指、分开包装易保存的仙贝、膨化米果、巧克力迷你棒、瓶装营养饮料［如力保美达 D 等］为佳。另外，若工作场地条件允许的话，按季节带些草莓［要确认有没有可以洗草莓的地方］、团子［需要附上竹签和一次性纸盘］、热咖啡［适合冬日］、冰激凌［最好现场有冰箱］等也能体现出你的细心。但请注意，这种细心若表现过度，很容易被别人认为是"小聪明"，看来中庸才是王道。

我问过 S 君和 T 桑，他们俩推荐的慰劳点心为：焦糖布丁、甜甜圈、泡芙、分开包装的饼干、巧克力、竹轮［可直接吃的］、鱿鱼干、炸猪排三明治、纸盒包装的蔬果汁和养乐多。不过这些慰劳点心感觉个人喜好味道强，仅供参考。

最后补充一个小经验，其实便当盒可以用来装点心。杉木做的便当盒、竹制小便当盒，放在桌上有种自然的温馨感，里面装点糖果或巧克力，看上去挺搭配的。有时候在东京拜访好友，我会带上一个便当盒，里面装的不是午餐，而是像草团子等自制点心。若没时间，可以把现成的点心组合起来装盒。

"你到底带了什么呀？"朋友好奇地打开便当盒，我很喜欢那个瞬间。

Saturday

红烧鸭肉便当

– 红烧鸭肉材料

鸭胸肉　红萝卜　大葱　白糖　料酒　生抽　生姜　七味粉［按个人口味］

– 炸藕片材料

莲藕　盐　白醋　植物油

– 荞麦面沙拉材料

荞麦面［干面］　黄瓜　蛋黄酱　白芝麻粉　盐

–所需时间........40分钟

–份　　量........2人份

制作步骤

炸藕片和啤酒特别搭，据说这是村上春树最喜欢的搭档，推荐大家试试。

沙拉用荞麦面不需特意去煮，吃荞麦汤面的时候可以多煮些，剩下的面条做成沙拉，可在冰箱放 1 天。

1. **做炸藕片**

    莲藕［小块，4—5 厘米］洗净后去皮，切成薄片。在小碗里加白醋［少许］，将藕片在水中浸泡 1 分钟。藕片捞出，用厨房纸吸收水分后撒盐备用。预热平底锅加植物油［少许］，放入藕片煎炸，炸至两面金黄即可出锅，再用厨房纸吸收多余的油分。

2. **做红烧鸭肉**

    鸭胸肉［1 条］和红萝卜［半根］切小块备用。开中火用平底锅煎鸭肉然后放入白糖［1 汤匙］，鸭肉表皮变色后放入生抽［半汤匙］、料酒［2 汤匙］、红萝卜［半根］和生姜。用小火继续加热直到汤汁烧干。食用时按个人口味加七味粉。

岁末荞麦面

几年前的年底在东京接待中国朋友，12 月 31 日那天，我们俩在东京下町散步。我手里的手账也已翻到最后一页了，这天的计划，也即一年中的最后一项任务，就是吃"年越しそば"［过年荞麦面］。为了让外国友人体验日本的风俗，我已经查好当地的一家老铺。周围暮色渐浓，年关又至，心里总有一丝不舍光阴的感觉。和我们擦身而过的人们也行色匆匆，好像都在着急赶路。

忽然前方出现一条长队，有人穿着厚厚的羽绒服缩着肩膀，有人带着脸蛋被吹得红扑扑的孩子，大家都在小店门口安静地等候着。走近一看，长队通向的正是我们要去的那家店。店面风格低调，细看深蓝色暖帘上的白色店名，才知道是卖荞麦面的。店外等候的人群一片沉默，张望店里却是一派温暖热闹。我忍不住询问门外的服务员："今天的阵势，大概要排多久？"可怜的年轻女性今天应该被问过无数次这个问题了吧，只有一句礼貌而机械的答复："很难说，很抱歉。"

看着这位年轻店员的背影，不禁想起自己学生时代打

3. 煎大葱

大葱洗净后切小段。取出红烧鸭肉后的平底锅不用洗，利用留下的油脂煎大葱［1根］
1分钟。

4. 做荞麦面沙拉

用小锅煮开饮用水，煮面约5—6分钟后用冷水激一下并洗掉面条上的淀粉，让面条
更加劲道，然后控水备用。将黄瓜［半根］切丝，加荞麦面［100克］、蛋黄酱［1—2
汤匙］、盐［少许］和白芝麻粉［1汤匙］，用筷子搅拌。

工的荞麦面店。回想起来，大学四年间，我一次都没有回
家过年。因为刚好是寒假，过年期间时薪又高，我一般是
1月2日或3日才回去看父母。这家平时不怎么景气的荞
麦面店，到了12月31日大晦日傍晚，电话就会开始响个
不停。

在日本，过年吃荞麦面的习俗始自何时？有一种说
法是，这源自江户时代商家的习惯，做生意的，到了年底
总是忙得不可开交。这个时候，做起来简单，吃起来也利
索的荞麦面是最合适的食物。就像中国的寿面，日本人认
为荞麦面又细又长，可以托"长寿"的福气。但和中国的
寿面不同的是，荞麦面比高筋粉做的面条更容易切断。这
个日本人怎么解释呢？说是这样可以断去一年的苦恼和灾
害。在日本，过年荞麦面一般在傍晚到晚上吃，而且一定
要在晚上零点前吃完。

大晦日的荞麦面售卖流程，老板已经很熟悉了。傍晚
我们来店里上班，老板先给我们一人端一碗简单的热荞麦
面，笑道："吃不上荞麦面可怎么过年啊！赶紧吃，一会儿
就没有啦！"电话还在响，老板娘"嗨、嗨"有声地记下
对方地址。身为店员的我们，又怎么好意思悠哉悠哉？赶
紧哧溜哧溜地吃完荞麦面，说声"Gochisousama deshita"
["吃完了，谢谢"]，赶快开工。

我主要负责为堂食客人点菜、端菜、洗碗，以及准备

荞麦面用"药味"［葱末等佐料］。同事正人君负责开摩托车送外卖，老板在荞麦汤面大碗上贴紧保鲜膜，放进摩托车后面的铝制行李箱。老板"咔哒"一声关上箱盖，摩托车就像被猛甩了一鞭子的骏马，飞奔在岁末的东京街道上。和堂食相比，叫外卖荞麦面的顾客好像更多。大晦日工作最辛苦的，应该是老板和送外卖的正人君。

店里的荞麦面快卖完了，正人君急匆匆地把摩托车钥匙还给老板，和我们打个招呼后就先告辞了，应该是他的女朋友等着急了。这时老板会催我去门外取下深蓝色的暖帘。按日本的习惯，这块染着店名的暖帘挂在外面，就表示该店"营业中"。客人见暖帘收了起来，就不会进来了。在平日里，我收暖帘前总会东张西望，看看周围还有没有客人想进来。但年底这一天，我什么都没看，或者说是装作什么都没看见，飞也似的把暖帘收了起来。有时候还是会有客人进来点荞麦面，我不好意思地告知只有乌冬面和盖浇饭，多数顾客听了扭头就走。时间不早了，估计他们只能去便利店买份碗装荞麦面了事。

随着时代的变化，不少传统习俗在慢慢消失。比如正月里孩子们放风筝，立春前一天的节分撒豆子驱邪，现在还在做这些的日本家庭已经不多了。但"不吃荞麦面不算过年"的想法可谓根深蒂固。至今每年到了年关，日本的荞麦面店还是忙得"想借小猫之手一用"［日本谚语，意思是"人手不足，忙得不可开交"］。

那天我和中国朋友吃了什么荞麦面贺岁迎新呢？看到寒风中排成长龙的队伍，我们早早放弃了。来到车站，看到一家著名的连锁店"富士荞麦"，我们犹豫了一下，还是进去了。之所以犹豫是因为富士荞麦主要提供"立食"［站着吃］服务，这种地方的客人一般以男性上班族和学生为主，目的是以最便宜、快速的方式填饱肚子。

券卖机设在店外，我向朋友简单介绍了机器上显示的菜名，"狸猫荞麦面"［たぬきそば］里并没有狸子肉块，而是放了天妇罗的碎渣*，"狐狸荞麦面"也不是有狐狸肉，而是放一块金黄色甜煮油炸豆皮的热荞麦汤面，之所以用油炸豆皮，是因为日本民间传说中狐狸最喜欢吃的就是它。"那这也是不放鸭肉的？"，听完我的解释，朋友指着"鸭南蛮"三个汉字问我。

其实，这碗面条还真有鸭子肉。"南蛮"指的是大葱，因为日本古代称印尼等南方地区为"南蛮"，从那里运过来的货物也就带上了这个名号。大葱和鸭肉口味上非常搭配，鸭肉可滋补强身，大葱可去除腥味，亦有驱寒的功效，两者的组合自然就是绝佳的冬季美食。日本有句谚语叫"鸭子背着大葱来"，意思是"好事送上门"，也是有道理的。

---

*　"狸猫荞麦面"和天妇罗碎渣的关系有点复杂，天妇罗的主体食材，日语叫作"タネ"［tane］，所以没有主体的天妇罗碎渣等于是"タネ抜き"［tanenuki= 去掉主体］，久之"tanenuki"的发音被缩成"tanuki"［狸］。

图为鸭南蛮荞麦［kamo nanban soba，鸭肉荞麦汤面］。另有一种鸭肉笼屉荞麦面［鸭せいろ /kamo-sēro］，笼屉上放荞麦面，汤汁是热的。有些人喜欢这种吃法，荞麦面不易变软，能保持口感。

往投币处投入几枚 100 日元硬币，买好鸭南蛮荞麦面和清汤荞麦，我们把两张票子递给店内的中年女店员。"一个清汤、一个鸭子，都是荞麦！"店员对着厨房吆喝一声，两碗热腾腾的汤面很快就端出来了。我们马上哧溜溜地享用起来，浓郁的鲣鱼风味随着一口热面在嘴里弥漫开，也害得我的眼镜片变得雾蒙蒙的。店内的客人除了我们，只有两位年轻男士，他们默默吃完，默默离店。我们俩没有说话，朋友也入乡随俗，按日本习惯哧溜溜地吃完面条。

吃完荞麦面，剩下要做的事儿就不多了。回酒店看看"红白歌会"，听着北岛三郎的演歌。手提包里，整整用了一年 365 天的手账也快完成使命了。我在最后的任务——"过年荞麦面"一词上打了个钩。现在已经很多人改用手机来管理生活和工作，但我还是喜欢做完每一件事情后用笔打钩的感觉，有一种即时的充实感。明年用的手账也已经买好了，打开新的手账，总可以闻到淡淡的墨水味儿，这样的味道，总让我勾起对全新的日子青涩的憧憬。

— 便当小贴士 —

荞麦面和落语

"日本人吃面发出的吸溜声"在海外似乎很有名。有几次我和中国的朋友一起吃荞麦面，其间感觉到大家悄悄向我投来的视线，真有点不好意思。其实，发出酣畅帅气的吸溜声并不容易，要达到父亲的水准，我还得多加练习。

话说荞麦面是在江户时代融入庶民生活，日本传统曲艺形式"落语"中就有名篇《时荞麦》：

> 一天晚上，江户某条市街上来摆出一个荞麦面摊，标价一碗十六文*。有一个年轻人吃完面，掏钱结账时一文一文地放进店主的掌心："一、二、三、四、五、六、七、八……"数到"八"的时候，年轻人冷不丁问店主："呃，现在几点了？"店主接口答道："九点†！"年轻人闻声接着往下数："哦！十、十一……十六。"就这样，这个家伙利用小伎俩省下了一文钱。

> 边上的另一位食客看在眼里，第二天又跑去吃荞麦面。结账的时候想故伎重演一番："一、二、三、四、五、六、七、八……哟，老板，几点了？"老板答："四点‡！"笨食客也就接着数："五、六、七、八……"

在这个名段里，落语家将折扇当筷子模仿吃荞麦面时的动作、表情和声音。表演如此生动，以至于有人说《时荞麦》看的就是吃面而不是噱头包袱。我有一次在东京浅草演艺大厅看得入迷，回家路上像中了法术一样，非吃荞麦面不可。

---

*　文［mon］：江户时代的货币单位。一碗荞麦热汤面大约 16 文，当时一张浮世绘差不多也是这个价钱。
†　这里的"九点"指的是江户时代的时间单位"晓九"，大约是深夜零点。
‡　这里指的是"夜四"，即晚上十点左右。

至于吃荞麦面时的吸溜声，我个人觉得外国朋友除非自己想试一试，不必勉强自己学日本人。有人说没有发出吸溜声，等于是侮辱这家荞麦面店，表示这碗面不好吃。但我吃面一般也不会发出声音，也没有一次被别人指责过。还是以自己开心为主，吃完微笑着跟店员说一句"Gochisousama"［"吃好了，谢谢你的款待"］就可以了。

Sunday

豆腐饼便当

– 豆腐饼材料

豆腐　蟹味棒［鱼糕］　面粉　蛋黄酱　植物油　葱末［按个人口味］

– 赤饭［红豆饭］材料

红豆　生糯米　熟黑芝麻　盐

– 凉拌菠菜豆腐材料

菠菜　豆腐　白糖　熟白芝麻粉　盐［按个人口味］

– 肉末南瓜材料

鸡肉馅［鸡胸肉和鸡腿肉皆可］　南瓜　生姜　植物油　生抽　白糖　料酒　生粉

–所需时间........60分钟［含煮米饭的时间］

–份　　量........2人份

制作步骤

赤饭［sekihan］：红豆糯米饭。昔日逢喜庆日子，如孩子升学、就业等时候才做。

肉末南瓜：除当便当小菜外，还适合给幼儿做的一道菜。南瓜再煮烂一点，肉末里不加生姜即可。

凉拌菠菜豆腐：按个人喜好还可以加胡萝卜丝、魔芋丝［需烫一下以便除腥味］等。

1. **准备赤饭**

   红豆［60克］洗净后用小锅，加水［1杯］用中火煮。煮开后调小火，继续加热3—4分钟，关火放凉。生糯米［300克］洗净后倒入电饭锅里，先加煮红豆的水［约280毫升］。若水分不够，加饮用水。接着放入红豆，按普通方式煮饭即可。煮好的赤饭用勺子搅拌备用，食用时撒上熟黑芝麻和盐。

2. **准备豆腐和蔬菜**

   豆腐［250克］切块，用厨房纸或干净的布块包起来，去除多余的水分。菠菜［2—3把］洗净，用滚水烫1分钟，放凉后挤干水分备用。南瓜用勺子去核，若皮厚，用菜刀削去，切3—4厘米边的小块。

3. **做豆腐浆**

   蟹味棒［7—8根］用手指撕开备用。去除水分的豆腐［150克］放入小碗里，加面粉［2汤匙］、蟹味棒丝、蛋黄酱［1汤匙］，按个人口味加葱末［1汤匙］，用勺子搅拌均匀。

「米西米西」是什么意思？

到这里，这本便当书也写到最后一篇了。截至目前［2020 年 9 月］东京还在受疫情影响中，虽然我是居家工作较多，生活上还是受了些影响，尤其是和吃相关的，不管是一个人还是约朋友，下馆子的次数比原来少了很多。在中国叫外卖很方便，种类居多，配送费也并不贵［这依赖于低廉的人力成本，需另外讨论］，但在日本，一是接受外卖的餐馆种类没有中国的多，加上配送费，吃一顿饭轻易超过一两百人民币，我还是有点舍不得。

不敢叫外卖，又懒得做饭，这段时间我做得最多的菜就是"汤豆腐"［yudōfu］。汤豆腐是一道做法极简的菜肴，品尝的不是手艺，而是豆腐天然的味道。土锅［donabe，类似于中国的砂锅］里放一小片昆布后注水加热，煮开前加一块切好的豆腐，豆腐热透后即可捞起，直接蘸上生抽吃。也可按个人喜好撒上葱末、姜末、柴鱼片等。至于为什么要用厚实的土锅，据说用土锅煮汤，水里浮起的气泡比用铜锅或不锈钢锅小很多，炖煮的过程中，豆腐就不会太"动荡"，滋味自然更佳。

4. **煎豆腐饼**

   预热平底锅，倒入植物油后用勺子加入少量豆腐浆，做成豆腐饼，用筷子调整豆腐饼的大小。中火煎制，中间翻一次面。做好的豆腐饼放在厨房纸上，吸收多余的油脂。

5. **做凉拌菠菜豆腐**

   把剩下的豆腐［控水后，约 100 克］、白糖［半汤匙］和熟白芝麻粉放进碗里，用勺子搅拌均匀。菠菜切断后与豆腐酱搅拌，按个人口味用盐调味。

6. **做肉末南瓜**

   小锅用中火预热，加植物油［半汤匙］，然后放入鸡肉馅［150 克］和姜泥［1 小块生姜］，鸡肉馅变白后加生抽［2 汤匙］、白糖［1 汤匙］、料酒［2 汤匙］、饮用水［约 150 毫升］和南瓜小块［400 克］。煮开后用勺子去除白色泡沫，用蜡纸盖上，然后用小火加热 10 分钟。南瓜变软后关火。

7. **做调味汁**

   把南瓜捞在小碗里备用。剩下的汤汁再次用小火加热，煮开后用生粉水［半汤匙生粉加 1—2 汤匙饮用水］勾芡，浇在南瓜上。

　　汤豆腐用的原材料要看个人口味，有人喜欢口感滑嫩、味道浓郁的"绢豆腐"*，也有些人喜欢结实醇厚的"木棉豆腐"†。当我把那天的木棉豆腐倒在左手掌上，用小厨刀切块时，瞥见盒装豆腐侧面的包装印痕，不禁想起多年前在中国与一位邻座老人的对话，这也是我想念中国的时候经常想起的回忆。

　　事情要从九十年代末说起，那年我获得中国政府的奖学金，独自来到成都留学。当时的成都还保留有小街深巷、青瓦灰墙。小贩的吆喝声夹杂着老街坊们的互相问候，河边的树荫下大人和孩子对弈，走近一看是用小石子和花生米代替棋子……巷子里的茶馆最不缺好奇心旺盛的当地人，他们纷纷用四川口音问我："你知不知道山口百惠？""在日本一个月能赚多少钱？""你家有没有汽车？"等等。大家看到我会写汉字就很惊讶，看到我写的平假名就觉得奇怪，继而哈哈大笑。不过，大家可能猜不到，当时最有人气的问题是："'米西米西'是什么意思？"一开始我以为那是日语的拟声词"みしみし"‡，而后来知道那是抗日剧里扮演日本兵的中国演员的经典台词。当时我只能很不好意思地回答："那是……'我要吃饭'的意思。"从茶客们

---

*　绢豆腐［絹ごし豆腐/kinugoshi dōfu］：相当于中国的内酯豆腐，将豆浆和凝固剂放入容器制成，口感细嫩。

†　木棉豆腐［momen dōfu］：相当于中国的北豆腐，容器里放木棉布料，再将豆浆和凝固剂放入容器压制而成。口感比绢豆腐更为结实。

‡　みしみし［mishi mishi］：指木板等材料相互摩擦时发出的"嘎吱嘎吱"声。而抗日剧里的"米西米西"应该来自日语的"饭"［meshi］，男性说话粗鲁时说的"［我要吃］饭"的意思。比较礼貌的说法是"御饭"［gohan］。

听到解答后的表情能看出，大家这么问纯粹是出于好奇心。

2008 年北京奥运会之前不久，我移居北京。记得常常和当地朋友约在工体的夜场酒吧和南锣鼓巷的咖啡馆，偶尔到 798 逛逛画廊，感受所谓新旧融合带来的新鲜感。但我心里总觉得以上种种都少了一种魅力，一种九十年代中国拥有的、沉静从容的魅力。北京为了迎接国际大赛，到处都在进行拆迁改造，每过一个月这个城市都会出现新的路、新的大楼和商场。新鲜之余，多少让人有点无所适从。当时我在北京为一家日本媒体工作，住在公司帮我租的公寓里，对面是闪闪发光的新光百货。上班时间是规定好了的，下班时间则完全没谱，截稿的时候经常发现已经误了地铁末班车，只能苦苦等候出租车。

高级公寓里的生活虽然很舒适，但被公寓建筑围绕起来的花园空荡荡且没有生命力，每次用门禁卡出入，心里总有点"这样不对"的感觉。所以夜里我经常出去找小吃摊。十字路口的深夜煎饼铺，已拉下铁门的小餐馆前摆出的烧烤和火锅，小三轮车上的东北烤冷面……我都吃到对方已经认得我了。"哦，你来了。""嗯。""这么晚，刚下班？""是啊。"这常常就是我和同事以外的人说话的唯一时间。如今回过头来想，可能我的胃根本不饿，饿的是心。

有一天晚上，难得有机会早一点下班。我从地铁站出来，拐进一家小餐馆，点了一份炒饭。店面并不大，摆着简单的塑料椅子，几个小桌子上基本都有人，和我差不多年龄的男女默默地等餐或吃饭。我点完菜没多久，进来一位老人家。也许他实际年龄没那么大，但因为被太阳晒得黝黑，面部刻着深深的皱纹，透露出一种人生的疲惫感。记得当时已是深秋，而他身上只穿着单薄的深蓝色卡其布工装，衣服上、手上、头发上都有油漆的痕迹。店里的座位不够了，老人用眼神询问能否拼桌，我点头同意。他点了一瓶燕京啤酒和一盘凉拌豆腐。"这豆腐是怎么做的？"老人家询问年轻的服务员。服务员有点摸不着头脑，回说："凉拌啊，就是凉拌。"老人耐心地接着问："豆腐是不是切块？撒不撒葱花？"

年轻的服务员有些不耐烦，"嗯啊"应付几声就离开了。老人轻轻叹了口气，自己倒杯燕京喝了起来。不一会儿，我的炒饭来了，老人家的豆腐也来了。豆腐没有切块，应该是从真空包装盒直接扣在盘子上。豆腐块洁白的侧面上，塑料盒的印痕很明显。葱末倒是有的，还撒着香菜和其他调料，老人似乎松了口气，拿起筷子，品尝起这道下酒菜来。

我欣赏完这份豆腐，对老人微笑了一下，想表达一种庶民共有的达观："人家给什么，咱们就得接受什么咯。"老人家好像明白我的意思，便对我打开了话匣子。他先问我是哪里人，当得知我来自日本时，老人家有点惊讶，说道："哎呀，你是日本人啊！我这可是第一次和日本人说话呢。"爽朗的笑声未落，他紧接着问道："嗯……那我想问

小时候觉得豆腐的味道极为清淡，年纪大点方才懂得它的滋味。也许汤豆腐就是"大人の料理"。

一下，'米西米西'到底是什么意思啊？"

"哦，您说'米西米西'啊，那是'吃饭'的意思，是过去日本男人比较没礼貌的说法，现在很少有人用了。"我一边解释，一边体会着从心底浮上来的某种感慨，因为突然意识到，已经有好些年没被问到这个"经典问题"了。听了我的回答，老人若有所思地点点头，喝了一口他的燕京。我问他是不是北京人，他说是。我随口说了一句："北京的变化挺大的。"老人家听了认真地点头，并很热情地介绍这一带以前的模样：化工厂、生抽厂、菜市场……"都没了，全都没了。"老人家说完，哈哈地笑了。我看到他嘴里没剩下几颗牙齿，难怪他喜欢吃豆腐。可能因为那些年在媒体圈工作的关系，我吃饭速度比较快，一大盘炒饭没多久就吃完了。没等老人家喝完酒，我就先告辞了。"跟您聊天很开心，回见！"他最后笑着说道。老人的笑容，让我想起自己很想找回的某种东西。

与那位老人家分开后，再也没人问过我"米西米西"的问题。在今天的中国，有关日本的信息已相当丰富，身边的很多中国朋友对海内外的时尚和美食了如指掌，他们周游世界各地，对日本料理更是熟悉到能挖出巷子深处特色小餐厅的程度。但有时候，我仍会怀念当年问我"'米西米西'是什么意思？"的中国人。那时我们那么努力地倾听对方，为发现彼此之间小小的差异而开怀欢笑……也许，我真正想找回的，是那时的自己。

— 便当小贴士 —

汤豆腐的配菜

口味清淡的汤豆腐，一整块的热量在 200 大卡左右，全吃下去热量也不到一份咖喱饭的三分之一。故此，日本不少女性把汤豆腐当减肥餐。汤豆腐吃起来热乎乎的，容易有饱腹感。虽然没有麻婆豆腐那种刺激感，但它能搭配大葱、芝麻、辣白菜、橙醋调味汁*、青紫苏、柴鱼片等，吃起来也不会单调。

"汤豆腐减肥餐"的做法很简单，一日三餐中的一餐，通常是晚餐，把主食换成汤豆腐，其他配菜少吃甚至不吃。我现在对减肥的热情不如过去，但有时候觉得午餐在外面吃多了，晚上做汤豆腐，既简单，又能让胃肠休息休息。

在日本，还是京都的汤豆腐比较有名，据说是京都的水质好，寺庙又多，催生了多用豆腐的精进料理。一份汤豆腐、"田乐"豆腐、素天妇罗、煮物小碗和"豆腐点心"[用豆浆做的甜品]，午餐套餐价格在 3000—4000 日元[约合人民币 188—250 元]，颇受国内外京都粉丝们的欢迎。

日本家庭晚餐准备汤豆腐时，通常其他主菜和配菜的口味也不会太重。烤秋刀鱼、红烧鲥鱼、日式煮物[鸡肉、香菇、莲藕等]等日式菜肴比较合适。汤豆腐也能当主菜，若冰箱里有牛蒡金平、凉拌芝麻菠菜、白萝卜"一夜渍"等常备菜，都可以摆上餐桌，用来搭配汤豆腐。

说到这里，还是介绍一下汤豆腐的基本做法：先准备"出汁"。约 5 厘米见方的昆布小块用干净的布块擦净。土锅里放入饮用水和昆布静置半小时，然后开小火，煮开后马上取出昆布，轻轻放入豆腐块。豆腐开始浮荡时马上关火。捞出放入小碗里，撒上葱末、白萝卜泥等"药味"和生抽后享用。宛如白开水一般极简的味道，却能让人身心一并暖和起来。

---

* 橙醋调味汁[ポン酢/ponzu]：日本一种常用的调味汁，用柑橘果汁、生抽、料酒、日式高汤[鲣鱼味]制成。

最后想分享一点小心得。捞出豆腐后，土锅里的汤汁我不会倒掉。第二天早上放入用剩的豆腐［若有的话］、一点点白米饭和一个鸡蛋煮开，营养又好吃的昆布味泡饭就做好了。那是属于我的冬日早晨的味道。

图书在版编目（CIP）数据

四季便当 . Ⅱ /（日）吉井忍著 . -- 上海：上海三
联书店，2020.11
ISBN 978-7-5426-7224-7

Ⅰ . ①四… Ⅱ . ①吉… Ⅲ . ①食谱—日本 Ⅳ .
① TS972.183.13

中国版本图书馆 CIP 数据核字 (2020) 第 193930 号

四季便当 Ⅱ

[日] 吉井忍 著

责任编辑 / 宋寅悦
特约编辑 / 黄盼盼　黄平丽
装帧设计 / 陆智昌
内文制作 / 李丹华
图片摄影 / 吉井忍
责任校对 / 张大伟
责任印制 / 姚　军

出版发行 / 上海三联书店
　　　　　（200030）上海市漕溪北路331号A座6楼
邮购电话 / 021-22895540
印　　刷 / 山东韵杰文化科技有限公司

版　　次 / 2020 年 11 月第 1 版
印　　次 / 2020 年 11 月第 1 次印刷
开　　本 / 880mm×1230mm　1/32
字　　数 / 200千字
图　　片 / 286幅
印　　张 / 11.375
书　　号 / ISBN 978-7-5426-7224-7/G·1578
定　　价 / 82.00元

如发现印装质量问题，影响阅读，请与印刷厂联系：0539-2925659